"十二五"职业教育国家规划教材
经全国职业教育教材审定委员会审定

 人物形象设计专业
教学丛书

形象设计
表现技法

XINGXIANG SHEJI
BIAOXIAN JIFA

第三版

王 铮　尹 丹　主 编
江 航　魏小萌　副主编

 化学工业出版社
·北京·

内容简介

本书从形象设计表现的基本理论知识出发，重点讲解了表现的技法、五官、发型、头部、人体和服饰的表现，以及综合表现技法的应用等内容。本书深入贯彻党的二十大精神与理念，落实立德树人根本任务，设置了课堂内外的设计绘画训练及评价总结等环节，具有理实一体、导向明确、突出实践、交互性强的特色。

本书可作为职业教育人物形象设计、美容美体艺术、服装设计、医疗美容技术等相关专业师生学习用书，也可以作为形象设计、化妆造型、服装服饰等相关行业人员和专业爱好者的培训参考用书。

图书在版编目（CIP）数据

形象设计表现技法 / 王铮，尹丹主编． —3版． —北京：化学工业出版社，2023.8（2025.2重印）
ISBN 978-7-122-43613-9

Ⅰ．①形… Ⅱ．①王… ②尹… Ⅲ．①个人-形象-设计-高等职业教育-教材 Ⅳ．①B834.3

中国国家版本馆CIP数据核字（2023）第100506号

责任编辑：李彦玲
责任校对：边 涛
装帧设计：王晓宇

出版发行：化学工业出版社
　　　　　（北京市东城区青年湖南街13号　邮政编码100011）
印　　装：三河市航远印刷有限公司
889mm×1194mm　1/16　印张8¹⁄₂　字数192千字
2025年2月北京第3版第2次印刷

购书咨询：010-64518888　　售后服务：010-64518899
网　　址：http://www.cip.com.cn
凡购买本书，如有缺损质量问题，本社销售中心负责调换。

定　　价：59.80元　　　　　　　　版权所有　违者必究

形象设计表现技法是人物形象设计专业的基础技能课程，也是将人物形象设计过程的立体—平面—立体三个阶段中，从立体的人物形象，归于平面、归于纸面、归于终端屏幕的必经之路，对于设计师来说，不仅有审美能力与审美水准的要求，也有绘画与技法的要求，还有提炼、抽象、演绎等艺术创作能力的要求，因此可以说，如果没有对形象设计表现技法的掌握，就不能找对方向走对路，就无法推开人物形象设计殿堂的大门，更谈不上能成为一名合格的形象设计师。所以，形象设计表现技法这门课程，对于提升设计师的审美与内涵、设计水准与创作水平等，具有重要价值与现实意义。

　　《形象设计表现技法》是化学工业出版社出版的人物形象设计专业系列教材中的一种，至今已是第三版。第二版教材经全国职业教育教材审定委员会审定，被甄选为"十二五"职业教育国家规划教材。伴随着时代的发展和行业升级，尤其是人物形象设计专业的不断创新，我们优化了编写团队，对内容进一步完善和提升。

　　本书编写团队由来自职业院校、行业与企业的专家组成。主编为江苏开放大学（江苏城市职业学院）艺术学院王铮、尹丹；副主编为江苏开放大学（江苏城市职业学院）艺术学院江航、中国杂技团艺术创作室魏小萌，编写人员还包括：湖北科技职业学院严可祎、福建商贸学校熊赟、皖北电子信息工程学校范晓云、北京汤姆博纳文化有限公司赵子尧等。本书主审由教育部职业院校艺术设计类专业教学指导委员会副主任、浙江纺织服装职业技术学院罗润来教授担任。此外，南京邮电大学张艺教授、设计师张小涵及郑心蕊、刘莎莎等为本书提供了设计作品，教育部艺术设计类专业教学指导委员会顾晓然、湖北科技职业学院传媒艺术学院熊雯婧、广州番禺职业技术学院艺术设计学院刘科江也对本书提出宝贵意见和建议，在此一并表示感谢。

本教材在前两版教材基础上，围绕立德树人根本任务，坚持正确政治方向，推进改革创新，用心打造培根铸魂、启智增慧的精品教材，进行了重新规划与整体性的设计，以学习者为中心，学习行为为主线，厘清课程目标与要点和难点，强调立德树人、以美育人在人才培养与技能传授中的核心作用，把课程思政目标的实现贯穿教材所有模块，以职业素质、职业能力培养为目标，创造性地以学习与训练相结合，学做一体的单元推进式学习模式，设计了完整的学习与评价总结过程，并与相关多媒体资源、网络课程平台等形成一个立体而完整的混合式、交互式学习时空，将形象设计表现技法的教学与实践，融聚焦性与多元化于一体，体现出职业教育教学改革探索的创新性与实践性。

　　在本书完成之际，我们多次修改，依然心存遗憾。由于水平有限，时间仓促，部分知识内容不够深入，也存在一定疏漏，敬请各位专家与读者批评指正。

编者

2023 年 4 月

模块一

形象设计表现概论

知识能力目标

1. 了解形象设计表现的概念
2. 掌握形象设计表现的目的和原则
3. 熟悉形象设计表现不同风格的特点
4. 熟悉形象设计表现的作用
5. 准确识别形象设计表现的不同风格
6. 运用形象设计表现理论知识进行分析和评价

课程思政目标

1. 培养学生对美的认知与美学修养
2. 培养学生理论联系实际的学习与创作态度
3. 培养学生对形象设计行业的热爱和职业认同感

学习方式

在画室或专业实训室中，教师指导学生组成学习小组，每组4～6人，通过自主学习和面授教学，明确学习表现目的与原则、风格与作用知识内容的重要意义，并结合实际案例，对形象设计表现相关理论与实践有清晰的认知。

学习时间

6课时

电子课件

单元一

表现目的与原则

| 学习要点 | 形象设计表现的原则 |
| 学习难点 | 实用性表现与艺术性表现的特点 |

　　形象设计表现的完整表达，是人物形象设计的艺术表现，包括广义和狭义两种概念。狭义的形象设计表现，是人物形象设计效果图的表现，也就是基于效果图的艺术造型方式，包括人物造型设计表现、形象色彩设计表现、技法设计表现，以及整体形象设计各个方面的表现，最终根据设计需求，呈现为局部和整体形象设计效果图的设计表现。广义的形象设计表现，是对人物形象进行视觉传达艺术效果的综合表现，包括对人物形象的艺术风格塑造、审美情境营造、心理状态反映、情感变化体现等，也是设计师创造性思维和对人物形象设计艺术创造的个性化设计风格的表达，其最终表现也是通过局部和整体形象设计效果图予以实现的。

一 形象设计表现的目的

　　形象设计表现的目的，是根据形象设计的需求来设定的，一般分为两种：以商业需求与实用为目的的实用性表现，以艺术创作与欣赏为目的的艺术性表现。

1. 实用性表现

　　实用性表现也称为商业性表现，是以商业运作为目的的形象设计效果展示，这种形式要求符合商业运作的需求，通常需要针对特定的商业目的开展设计。

　　如时尚品牌的形象设计表现，就要基于品牌的历史与文化、定位与理念等，以表现品牌的个性特点为目的，注重品牌的文化与艺术特质，氛围和情境的表现。又如影视或舞台作品中的人物形象艺术表现，要基于作品中角色的具体时代与地域背景、所处阶层乃至个性气质、内心情感等进行服饰、发型、妆型及姿态动作等的表现，要求细节具象、力求写实（图1-1）。

2. 艺术性表现

　　艺术性表现也称为创作性表现，是以艺术欣赏为目的的形象设计效果展示，这种形式是设计师不考虑其他因素影响而开展的艺术创作，主要是为了表达设计师个性化的设计理念，其风格独特而呈现出鲜明的个性化特征（图1-2）。

　　艺术性表现与实用性表现并不矛盾，在现实中常常出现交叉和融合，但究其实质，实用性表现最终是为了商业生产与销售，需要考虑更多的现实因素；而艺术性表现的个性化更浓，商业与现实属性较低。

图1-1

图1-2

三 形象设计表现的原则

形象设计表现的本质，是艺术设计表现，但它的对象是人物的形象，载体是形象设计效果图，所以和其他艺术设计表现形式也有一定的区别。人物形象设计表现有以下原则。

1. 符合审美的基本规律

是否符合审美的基本规律，是衡量人物形象设计艺术表现是否成功的先决要素，也是进行效果图造型设计应该遵循的基本原则。形象设计是对人体外观表现的一种审美创造，它的实现必须依据美的规律，必须依据形式与内容相统一的原则。从美学理论来说，人物形象艺术表现的是人的外在形象，属于美学中形式美的范畴，形象设计形式美的法则，包括比例与尺度、对称与均衡、节奏与韵律等。在具体形象设计表现过程中，需要遵循的审美基本规律包括：形式美（构图、结构、比例、平衡、呼应、变化等表达的美）、造型美（服装款式、发型样式、化妆妆容和整体造型等表达的美）、色彩美（形象设计元素与肤色、整体与局部色彩的协调、色彩应用的时尚表达的美）、构成美（局部与局部、局部与整体的和谐的美）、工艺美（绘画技法、表现手法、个性表现、视觉效果等表达的美）（图1-3）。

图1-3

2. 具有时代特色

作为审美主体，人具有社会性，不同时代和地域的政治、经济、文化、道德观念、生活状态等因素都会影响人们的审美标准。设计师进行形象设计艺术表现，其设计的优劣不仅取决于设计师本身的审美水准，还应该由社会大众来评价。形象设计表现如果不能适应不同时代的审美评价，不能体现时代特征和满足人们对时尚的追求，必然就不能实现形象设计表现的目的，失去形象设计表现的价值。因此，在进行人物形象设计艺术表现时，一定要注重对时代文化艺术特征的调研和分析，及时把握当下的时尚流行元素，并将其合理地纳入形象设计艺术表现中去（图1-4、图1-5）。

图1-4 图1-5

3. 体现个性特色

人物形象设计表现，究其本质是一种艺术创作，艺术创作不能是对设计对象的复制，也不能是对时尚形象的模仿，而是应该在符合审美规律和具有时代特色的前提下，对人物形象的表现进行独立的艺术创造（图1-6）。体现个性特色并非毫无根基地凭空出世、主观臆造，也不能照本宣科、依葫芦画瓢，而要具有独特的艺术构思和创意，认真分析人物形象设计表现的需求，结合设计对象的内在与外在特点进行提炼，分析、选取、运用时尚流行元素，进行个性特色和对应情境的设计。

图1-6

1.分组在街头拍摄实用性表现和艺术性表现的代表性图片，贴在下方方框处，根据图片案例，讨论两种表现的区别。

2.讨论形象设计表现的原则，并根据每个原则，分别举例说明。

学 习 反 馈

单元二

表现风格与作用

学习要点	形象设计表现的各种风格	学习难点	再现和表现

形象设计表现是通过人物形象设计效果图得以完成的，设计师独立或组成团队，通过手绘、电脑绘制等不同的表现手法，完成形象设计表现的目标，为下一步人物造型设计的实施打下基础。设计师需要具备绘画的基本功，但表现的形式可以各有特色，各具风格。

一 形象设计表现风格

形象设计是一个艺术设计创作的过程，设计作品必然要有不同的风格。风格是通过艺术作品表现出来的相对稳定，反映时代、民族或艺术家的思想、审美等的内在特性。之所以形成风格，是设计师不同的生活经历、艺术素养、情感倾向、审美水准等，以及受到历史文化等条件的影响，形成的独特而鲜明的审美表现与创作成果。

简而言之，在形象设计表现中的风格，可以概括为时代和社会文化特色、思想特色、个性特色与审美喜好等几个要素。对具体的形象设计表现作品而言，就是这个作品给人的总体感觉和个性特点。风格虽然抽象，但其特质可以被欣赏和感知，其特点可以被总结和提炼。形象设计表现的风格有很多，具体可分为写实风格、装饰风格、抽象风格、写意风格等。

1. 细腻的写实风格

（1）表现特征

写实风格的表现特征就是用较为具象的方法表现人物形象，对于人物的姿态、服饰、发型、妆容等给予真实细致的描绘，将设计特点概括和提炼出来后进行强化，采用少许的夸张来表现理想状态，同时还会将环境氛围体现出来。

写实风格的特点在于内容的表现上较为具体细致，具有较强的视觉真实性和客观性，对人物的表现准确细致，表现结果与我们视觉中观察到的人物一样真实。即使与现实的人物比较起来，写实风格中体现出一定的夸张成分，也是强调人物形象的独特和局部的主次而进行适度的夸张，是为了实际风格的强化和设计氛围的烘托。同时写实风格同样需要对设计对象进行适当的概括和提炼，去除非典型的内容，增加画面的表现力和感染力。

（2）表现技巧

写实风格通常用于商业设计的形象设计，但是这种表现风格也有一定缺陷。比如，如果表现的画面过于写实，面面俱到，容易陷入感觉死板而缺乏特色的误区。因此在写实风格的表现处理上，既要准确细腻地记录重要元素和细节，又不能生搬硬套、按图索骥，而是要牢记"艺术源于生活而高于生活"的原则，根据需求和表现目的确定重点，同时对人物形象进行分析，对需要表达的典型特征和部位进行适当的夸张与放大，归纳简化处理线条，从而使画面生动自然，层次分明（图1-7）。

图1-7

2. 绚丽的装饰风格

（1）表现特征

装饰艺术风格源于20世纪20年代中期的法国，随后在欧美盛行，从建筑设计行业辐射到其他视觉艺术领域。装饰艺术风格是一种重装饰的艺术风格，具有优雅、功能性与现代性并重的特点，在造型上会有一定的夸张变形，并呈图案化趋向，色彩上注重平面空间的对比关系。形象设计表现中采用装饰风格可以突出强化装饰美感，使画面具有很强的欣赏性，在民族感较强的形象设计表现和有视觉冲击的形象造型设计中较为常用。除了色彩绚烂的民族风格设计外，在一些较为朴素的设计中，采用这种方法强调服饰的肌理感和搭配的层叠感，可以使整个画面效果更具有节奏感。

（2）表现技巧

装饰艺术风格通常将设计对象进行平面化处理，采用明快简约的色彩、夸张的造型、图案化的构成形式进行设计表现（图1-8）。装饰方法通常不强调对象的立体感，也不强调用笔的洒脱，但是通过对造型和色彩

图1-8

的提炼和归纳，突出表现色彩和图案以及服饰表面的肌理，具有很强的装饰性。由于装饰艺术风格通常采用平涂、图案化的处理方式，用色层次均匀单一，在大面积运用时往往显得单调乏味，因此要注重夸张的造型和线条的运用，使用对比色或繁复色，弱化单调用色的乏味感。

3. 夸张的抽象风格

（1）表现特征

抽象是从众多的事物中抽取出共同的、本质性的特征，而舍弃其非本质的特征的过程。在形象艺术表现中，抽象艺术风格的体现是夸张，并不止于对特质的抽取，还包括了对人物形象设计元素中抽取出的特征、形象、作用、程度进行有意扩大和缩小的方法。在形象设计中通常都会带有一定的夸张，抽象艺术风格就是将提取的一个或数个特征，进行夸张极致化处理，采用放大的手法突出展现设计的亮点与特征，增加设计作品的艺术感染力。

在形象设计表现的各种风格中，抽象艺术风格是最为夸张和新奇的一种，也是最能彰显设计师独特个性的一种风格。抽象艺术风格并不寻求设计内容的全面细致的展现，而是对形象设计中呈现的主要特征和设计重点进行突出的夸张变形和强化，同时，在手法的应用上具有强烈的个人色彩。

（2）表现技巧

抽象艺术风格通过夸张手法的运用，为画面注入浓郁的感情色彩，使设计对象的特征更加鲜明生动，但抽象与夸张并非忽略甚至背离现实，也并非毫无章法，而是要以实际造型为依据，深刻把握设计对象的本质特征，进行适当的取舍。高度的概括夸张，过于抽象而缺乏细节的描绘，往往会过度体现设计师个人艺术风格和个性表达，而弱化设计的本身诉求，与现实的人物形象产生较大偏离，只能抽象地传递设计理念，而无法传递完整准确的印象，甚至会产生理解的偏差。因此体现抽象艺术风格时，要基于对设计理念和设计目的深刻分析的基础上，把握设计重点，强化设计效果（图1-9）。

此外，还有一种写意风格，因为写意风格主要体现在强调画面的韵律感和用笔手法上，最终体现的也是设计意境的表现，而其最终表现的效果，还是以夸张、生动、韵律感为特征的抽象艺术风格，所以在这里也可以将其并入抽象艺术风格中。

图1-9

二　形象设计表现的作用

人物形象艺术表现是设计师通过手绘效果图的形式表现艺术创作意图。通过形象化的设计、对艺术的再造或者再现，个性风格的表现等，可以加强与被设计者、专业团队其他成员，以及广大受众的交流和沟通，加强艺术信息的传递。因此，形象设计表现具有以下作用。

1. 形象化的表现

人物形象设计艺术表现形象化有两重内容，一是设计师自身艺术设计构思等综合因素的形象化表现，也就是设计师将自己的设计意图、艺术认知、创作理念、设计风格、审美偏好等，通过形象设计表现为具有个性特征和造型形式的可视效果图，包括草图、设计图、服装图、妆型图、发型图及工艺分解图、设计方案等局部或整体的形象化艺术表现形式；二是对设计对象的形象化表现，设计师以形象艺术设计的多种方式，对设计对象的外在形式美与内在个性气质、内心情感，以及审美情趣、求美愿望等，形象化为效果图表现出来。

2. 个性化设计风格的表现

形象艺术设计的个性化设计风格的表现，包括设计师自身个性化设计风格的表现和设计师对设计对象个性风格的表现。设计师的个性化设计风格，有可能是一种固定的风格形式，也有可能是多样化的风格形式，它表明设计师具备成熟的艺术创作和设计能力，体现出设计师的审美水准和文化艺术修养，对设计对象的独特分析、创造性思维、艺术表现能力和其他个性特质。设计对象个性风格的表现，是对设计对象的形象表现，还包括对个性气质、品位格调、审美偏好等的艺术表现。

3. 再现和表现

再现是通过效果图的表现形式，在艺术创造设计的前提下，对时代的文化水平、人们的生活情趣、流行的时尚风貌和设计对象的本质特色，进行创作和再次表现，同时进行艺术性修饰与美化。表现是强调在进行人物形象艺术设计的设计师，对设计对象主观的审美原则、审美理想的艺术化表现凸显了鲜明的个人风格，并对人物形象进行渲染。无论再现还是表现，都是运用视觉传达艺术实现人物形象设计的方法。

4. 交流、沟通和传递信息

效果图是人物形象设计艺术表现的载体，不仅能够表现人物形象设计效果，还可以具有沟通、交流、传递信息的作用。如生活时尚形象设计表现中，设计师可以在观察设计对象并沟通交流的基础上，迅速用绘画形式的草图或简要的设计方案，征求被设计者的意见，明确需要表达的设计目的和意图，同时征求设计对象的看法，听取设计对象的意见与建议。在设计师与设计对象观看分析效果图的同时，双方可以取得审美情趣的认同、设计目的的一致和设计思路的统一，以提高形象艺术设计的效果（图1-10）。

图1-10

 讨论与练习

1. 在杂志或报纸、广告宣传页上，选择典型的写实风格、装饰风格和抽象风格的人物形象，剪贴在下方方框里，并根据图片案例，讨论三种风格的特点。

2.举例说明形象艺术表现的再现和表现作用如何体现？分组讨论。

模块二 **表现的技法**

◆ 知识能力目标

1. 了解掌握表现技法实施的流程

2. 掌握表现技法的工具和材料的特点

3. 掌握表现构图的特点

4. 掌握设计着色的原则与技法

5. 根据设计要求准确选择工具和材料

6. 根据设计要求构图并实施

7. 应用构图与着色原则进行综合设计并实施

◆ 课程思政目标

1. 培养学生对美的认知与美学修养

2. 培养学生理论联系实际的学习与创作态度

3. 培养学生认真、细心、严谨的工作习惯与作风

4. 培养学生从事形象设计工作中的职业素养与职业精神

◆ 学习方式

　　在画室或专业实训室中，由教师引导学生学习形象设计表现使用的绘制工具，并根据表现的需求对工具进行选择，学习形象设计表现的构图与着色的原则与方法。在教师的指导下，学生组成学习小组，每组4～6人，通过自主学习和面授指导，并结合实际案例与操作，对形象设计表现技法的重要性有清晰的认知。

◆ 学习时间

6课时

电子课件

单元一

表现步骤与工具

学习要点	形象设计表现的材料与工具	学习难点	形象设计表现的步骤

 形象设计表现的步骤

　　形象设计表现的一般步骤为：构思、初稿、拷贝、着色、勾线，随着设计师设计水平的不断提高，初稿和拷贝环节可以逐步简化，可以在草稿纸上进行设计构思，待定稿后，直接在正稿上创作，完成形象设计表现（图2-1）。

图2-1

1. 构思

　　这个过程主要是确定人物的姿态、画面的安排、设计画面的效果等，因此对于材料的要求不高，可以使用草稿纸甚至一些废纸片简要勾勒出设计思路。但是构思的好坏直接决定着画面的最终效果，所以应该慎重，多做几套方案，选择出最佳方案。

2. 初稿

　　初稿一般是按照设计构思在与征稿等大的草稿纸上实现。首先确定好人物额头位置，勾勒出人物的姿态，然后描绘服装配饰的大概样式，注意各部分的比例关系和空间感觉，最后深入刻画人物和服饰配件的细部。

3. 拷贝

初稿修改完成后，先使用透明的拷贝纸将画面完整地拷贝下来，再拷贝到正稿上。拷贝前要确定画面已经定稿，不再进行修改，拷贝时要做到准确。

4. 着色

在正稿着色之前，应该先在草稿纸上进行色彩的尝试，确定色彩的使用方案，做到有的放矢。着色原则是：由整体到局部，先把握大的色彩关系，再深入刻画细节，要注意各部分色彩关系的协调统一，以及画面整体风格的渲染。着色时要做到心里有数，用笔干练。

5. 勾线

勾线是整个设计过程的最后一步，也是对画面效果进行整理强化的关键一步，通常要等到画面干透时进行。勾线的工具和方法要按照画面的风格选择确定。

二　形象设计表现的材料与工具

形象设计表现技法，是为了实现形象设计表现而运用到的各种技术与方法的统称。

质地好的绘画工具和材料有利于效果图的表现。在形象设计表现技法中，常用的工具和材料有纸、笔、颜料、辅助工具和电脑，我们分别做简单介绍。

1. 纸

纸的种类很多，不同品种的纸展现出来的效果也不相同，要根据实际设计的需要进行选择。

① 草稿纸：在设计构思阶段，需要将设计思路迅速地绘制下来，通常用铅笔、钢笔等进行线条的勾勒，因此，对纸的选择要求不高，可以选择一些便宜的纸张，如新闻纸、复印纸等。

② 拷贝纸：具有良好的透明度，可以用来复制作品。

③ 正稿纸：对于绘制正稿，不同的绘画材料需要不同材质的纸张。例如水粉颜料通常选择素描纸、水彩纸等吸水性较好、表面有一定肌理的纸张，有时为了追求特殊的画面效果，也会选择有色纸、底纹纸等特殊品种的纸张。

2. 笔

① 铅笔：用来起稿或者勾线，有软硬之分，通常选择H、HB、2B型号。

② 钢笔：钢笔的笔头有粗细区别，通常用来勾勒线条，有时也可以用签字笔代替。签字笔尽管使用方便，但是画出来的线条是粗细均匀的，因此控制上不如钢笔灵活。

③ 毛笔：毛笔的种类丰富，用途也比较广泛，可以用于勾线，也可以用于涂色。

④ 涂色笔：水粉笔、油画笔都可以用来着色，可根据不同的涂色效果和颜料进行选择。

⑤ 彩色铅笔：彩色铅笔颜色丰富，操作简便，在草稿用色标识和正稿表现中都有广泛的应用。

⑥ 马克笔：马克笔也称麦克笔，其色彩透明、艳丽，着色、勾线都有独特的效果。

3. 颜料

形象设计表现技法可使用的颜料比较灵活，最常用的是水粉色和水彩色，其应用广泛，便于练习。此外，在一些特殊的技法表现上，还可以使用油画棒、色粉笔等（图2-2）。

4. 辅助工具

为了完成形象设计表现的创作，除了纸、笔、颜料等基本工具材料外，还需要一些辅助工具，如画板、画架、画夹、铅笔刀、裁纸刀、尺子、夹子、图钉、胶水、胶带等，可以根据实际情况自行选择（图2-3）。

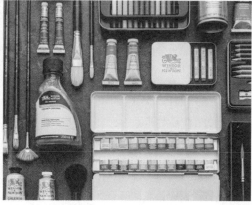

图2-2   图2-3

5. 电脑

随着科技的飞速发展，信息技术在艺术设计领域的普及应用，形象设计又增添了一种新的表现工具：电脑。

电脑设计表现的方法优点是便于修改、恢复，与纸面创作相比具有很大的优势。此外，用电脑创作的优势还在于可以采用真实的面料进行表现，画面效果真实细腻，即便是抽象的表现风格，电脑上都能够体现。需要注意的是，效果的真实感不仅依赖于设计师高水平的电脑设计技术和表现能力，而且需要耗费更多的时间和精力，因此，电脑设计表现远不如手绘创作灵活生动。在实际应用中，我们应不局限于使用电脑进行完整的形象设计表现，还可以用电脑设计与手绘相结合，使画面表现更丰富，呈现效果更理想（图2-4）。

图2-4

 讨论与练习

1.在下面方框处使用不同的笔，完成对横竖线条的绘画，体会不同工具的差异性与特点。

铅笔：	钢笔：
毛笔：	涂色笔：
彩色铅笔：	马克笔：

2.在下面方框里，依据构思、初稿、拷贝、着色、勾线等步骤，完成"彩虹"主题的绘制，体会设计表现的各个步骤。

学习反馈

单元二

表现技法与着色

学习要点	徒手描绘的主要方法与特点	学习难点	拓印的不同方法、剪贴法的特点

形象设计表现技法往往与着色相联系，有技法而有其形，有着色而有其彩，只有掌握常见的技法与着色表现，才能够绘制出满足设计需求的形象设计表现作品。

1. 徒手描绘

徒手描绘是视觉肌理最常见的表现形式，简称为手绘，比较适合使用在表现不同特点和风格的艺术效果。所使用的工具主要是笔。使用画笔徒手描绘的效果主要是为了凸显画笔的肌理，因此最终效果与笔的粗细及使用方法有关。徒手描绘的主要方法如下。

（1）平涂法

平涂法是一种基本的水粉表现手法，按照结构将颜色平涂上去。平涂法较为简单，易于掌握，只要颜色涂抹均匀就行，但画面容易死板乏味，适用于色彩丰富、造型复杂的设计。

（2）淡彩法

淡彩法是一种薄画法，其原理是利用水分的多少而产生色彩的浓淡效果。通常运用水彩进行表现，也可以用水粉替代，其关键在于对水分的把握。淡彩法有简洁、明快的特点，表现效果较为丰富，适合表现透明、飘逸、轻薄的设计作品（图2-5）。

图2-5

（3）晕染法

晕染法是从中国工笔画技法中汲取而来的表现技法，即用两支毛笔交替进行，一支敷色，一支蘸清水进行晕染，由深至浅均匀晕色。特点为表现出层次感、浓淡感、渐变感和轻重感（图2-6），常用于眼影、腮红的化妆色彩表现，以及表现具有润泽感和透薄感的服装。

（4）喷洒法

喷洒法包括喷绘法和洒色画法。喷绘法是使用喷笔作画，其绘制的色彩效果细腻、均匀，可以体现出特殊的审美效果，除了使用专业的喷绘工具外，还可以利用刷子、牙刷、钢丝等工具。洒色画法是将色彩随意洒在画面上的一种技法，先将毛笔、海绵等工具敷上颜色，然后将颜色洒落在画面所需表现处，形成一种不规则的点状肌理效果（图2-7）。

（5）彩色铅笔表现法

彩色铅笔表现法是一种运用彩色铅笔进行人物形象艺术表现的基本技法，因其使用方便、表现丰富、易于掌握，所以经常使用。在实际运用中，这种方法既可以进行色彩的表现、质感与肌理的塑造，又可以用于多种技巧的表现，表现出人物造型的丰富效果。彩色铅笔表现法可以表现出细腻、写意、柔和、粗犷等多种特点与风格。

图2-6

图2-7

2. 利用材料制作

（1）拓印法

拓印法是将棉花、海绵、纸、布等作为绘制工具，并在上面敷上色彩进行艺术表现的技法。这种技法可以将物质表面的真实肌理通过各种方法和手段转移到画面上来。因为可以形成色彩空间混合的效果和较为特别的视觉冲击，因此较为常用，主要分为直拓法、揉皱拓印法、漂浮拓印法等。

① 直拓法：选择具有肌理效果的材料，按照需要的形状将材料进行裁剪，在材料上涂上所需的颜色后，放置在准备好的画纸上，也可以用滚筒或刷子辅助进行对印。需要注意的是，在制作的过程中，最好先进行试验，因为如果颜色涂得过多，对印之后就会模糊成一片，不能很好地呈现肌理效果，而如果颜色过少也不能呈现出材料明显的肌理。

② 揉皱拓印法：将纸、海绵等材料揉皱成团，蘸上颜色，在画纸上印制需要的造型，也可以将纸先涂颜色，再印制造型。如果需要多种颜色，就多次重复此过程，便可以形成斑驳的效果。

③ 漂浮拓印法：将稀释过的油画颜料、墨汁或其他颜料轻轻浮在水面上，可以轻微搅动，使其形成一定的图案，然后将画纸平铺在水面上，等画纸吸进颜色后揭起，这样就使水面上的图案印制在了纸上（图2-8、图2-9）。漂浮的颜色和图案都是可以进行设计的，可以多种颜色进行搭配，或者吹动水面。此方法可以使用

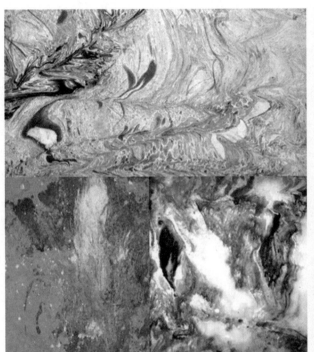

图2-8

图2-9

国画宣纸，还可以多种颜色对印。需要注意的是，在掀起画纸时要小心细致，否则就会引起颜色流淌而完全破坏画面效果。

（2）剪贴法

剪贴法运用在服装效果图上的效果非常理想。可用来剪贴的材料种类繁多，可利用报纸、杂志中各种各样的花纹、图案，经过挑选，选择合适的纹样切割成需要的大小，利用胶水贴在效果图上，可创造出许多富有特殊效果的画面，既惟妙惟肖，又省时省力。

材料可以是各种纸张、布料、废旧木片、刨花、绳子、树叶等，此方法已经涉及触觉肌理，是一种既可视也可以触摸的综合肌理构成形式。剪贴法在表现的时候，为了使画面更加接近现实中的造型，可以进行更加形象的处理（图2-10）。

图2-10

综合各种不同材料应用在整体造型上，可以体现独特的表现形式。剪贴画技法可以培养我们选择材料、加工材料和创造性地运用材料的能力，通过对材料的选择、加工、剪贴、拼接、组合等过程，反映设计者的审美能力和动手制作能力。

（3）电脑表现技法

随着设计产业现代化程度的不断提高，电脑表现技法为形象设计表现技法开辟了手绘之外的全新艺术创作空间，突破了传统的表现方法和技巧，表现出丰富多彩、变幻莫测的效果。目前常用的是Painter、Photoshop等图形图像处理软件，已经广泛地被使用在艺术设计的各个领域，在形象设计表现中应用也越来越多，主要能够模仿手绘工具进行创意性的绘画与创作，它们强大的功能为形象设计创作提供了很好的施展舞台。从轮廓绘制到着色与效果处理、到画面的整体调整，电脑表现技法可以表现不同风格与形式的形象，可以针对性地选择不同的软件工具，快速达到手绘难以实现的各种效果，并可任意更换色调和营造复杂的画面背景（图2-11）。

图2-11

 讨论与练习

1.在下面方框里，进行平涂法、淡彩法、晕染法、喷洒法、彩色铅笔绘法的绘制，并根据不同效果，
　体会不同绘法的特点。

平涂法	淡彩法
晕染法	喷法
洒法	彩色铅笔绘法

2.在下面方框中，体会不同拓印法的技法与效果。

直拓法	

揉皱拓印法

3.在下面方框中完成剪贴法的操作，要求选用三种以上的材料，能够清晰准确地表达主题。

模块三

五官的表现

电子课件

单元一
眉的技法表现

一、眉毛的作用

眉毛是化妆造型中重要的组成部分，在形象设计表现技法中，眉毛的作用也是至关重要的。通过眉毛的变化，可以辅助眼睛体现人物的各种表情和心态，眉毛的长度、宽度和浓密程度及弧度、转折角度，都可以体现人物丰富的内心情感变化。有经验的化妆师，可以通过眉毛帮助演员来塑造不同的形象，短而粗的眉毛可以体现刚强、刚毅，充满阳刚之气，细而长的眉毛可以体现柔和与秀气，彰显恬静之美。

二、眉毛的基本结构

眉毛的结构分为眉头、眉峰、眉腰和眉尾（图3-1）。眉峰在眉头到眉尾的2/3处。画眉毛的时候，要注意眉毛的形状和角度、眉毛与眼睛的位置关系与比例，眉毛的长度可以比眼睛稍长，眉头与内眼角平齐，眉头稍圆，眉尾较细。首先根据眉毛外形画好辅助线，然后在辅助线的基础上按照眉毛长势走向细细地描绘每一根眉毛，一般眉腰部位颜色比较深，眉头和眉尾颜色比较浅。

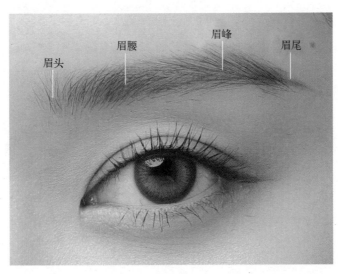

图3-1

三　眉毛的不同样式

　　眉毛样式多种多样，并且随着不同时代的发展，所流行的样式也发生着变化，如图3-2为唐朝妇女流行的眉式。此外还需要注意的是东方人眉毛比较细柔、内敛、眉峰变化柔和，西方人的眉毛比较粗重、性感、眉峰高挑。在实际的化妆和设计情况下，要根据人物眼睛的不同风格或者实际需要，来搭配适合的眉型。

阎立本《步辇图》　　　　礼泉郑仁泰墓出土陶俑　　　　周昉《纨扇仕女图》　　　　敦煌莫高窟130窟壁画

西安羊头镇李爽墓出土壁画　吐鲁番阿斯塔那张雄妻墓出土陶俑　周昉《簪花仕女图》　　敦煌莫高窟192窟壁画

咸阳底张湾唐墓出土壁画　吐鲁番阿斯塔那唐墓出土绢画　长安县南里王村韦洞墓出土壁画　太原南郊金胜村墓出土壁画

吐鲁番阿斯塔那张氏墓出土绢画　张萱《虢国夫人游春图》　吐鲁番阿斯塔那张礼臣墓出土绢画　乾献懿德太子墓出土壁画

图3-2

讨论与练习

1.根据范画完整临摹多组眉毛图，体会眉毛绘制过程。

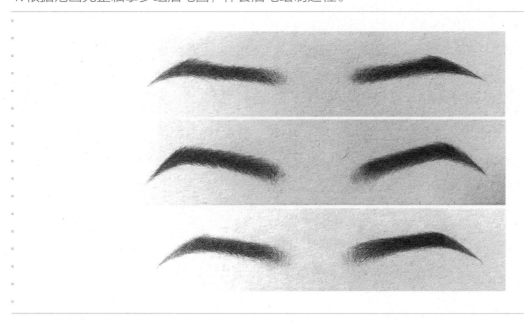

2.选择中国与西方影视作品中，典型的中国女性角色和西方女性角色，绘制她们的眉毛，并做比较
　与分析。

3.分组后，每组选择一部中国古装影视作品，选取其中有典型特征的角色，讨论眉毛与人物性格的
　关系。

单元二

眼的技法表现

学习要点	不同角度眼睛的造型特点	学习难点	不同眼睛的造型特点、眼睛与眉毛的位置关系

 一　眼睛的作用

　　眼睛是心灵的窗户，是五官组合中最具特色的部分，也是在面部塑造中的重点部分，通常与眉毛一起进行表现。在五官中眼睛的色彩对比最强烈，质感变化也最丰富，但表现时应注意个性不要太强，应该在基本型的基础上将其画得生动、美丽，将眼神的光彩尽情表现出来。

 二　眼睛的基本结构

　　绘画前首先要了解眼部的基本结构特点，眼睛是由眼球和上、下眼睑组成的，上、下眼睑有睫毛、眼睑间和眼裂（图3-3）。由于人的眼裂张开程度不同，因此人的眼睛大小就会不同，也就形成了各种不同的眼型。在画眼睛的时候，要注意眼睛的变化主要体现在眼型、瞳孔大小、高光、睫毛、内眼角与外眼角的角度等各部位。一般是用最简单的形状来归纳外眼型，如用平行四边形来概括，这样就比较容易把握外轮廓形，一般外眼角应高于内眼角，上眼皮应覆盖住瞳孔的1/3，瞳孔适当地夸张可以使眼睛显得更加动人。

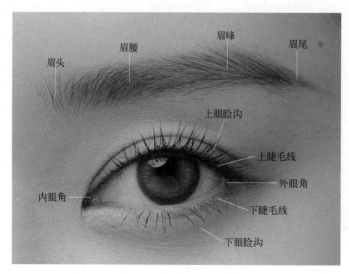

图3-3

三 眼睛的绘画步骤

（1）正面眼睛的绘制步骤（图3-4）

① 勾画出连接内眼角和外眼角的线条，通过曲线连接上眼睑和下眼睑，使之闭合。

② 根据眼睑的薄厚，确定瞳仁被眼睑遮挡的程度。

③ 将瞳孔中填充阴影，根据光源点确定高光部位，将眼睛变"活"。

④ 在上眼睑内侧的深处和下眼睑的外侧添加睫毛。

⑤ 眼睛和眉毛的整体刻画。

（2）半侧面眼睛和眉毛的画法

半侧面眼睛比正面的眼睛窄，整体呈棱角形，眉毛比正面眉毛的长度相对变短，主要是透视关系的掌握。

（3）侧面眼睛和眉毛的画法

侧面眼睛上眼睑向外凸，下眼睑向内收，成一条斜线。

图3-4

四 眼睛的绘画要点

在表现过程中，会遇到不同角度的眼睛，正面的眼睛画法，眼睛张开的宽度一般是眼长的1/2，一般上眼睑的睫毛要画得更长、更弯曲。3/4侧面的眼睛也比较常见，一般来说，这个角度的眼睛要比正面的短。纯侧面角度的眼睛，可以先画一条斜的辅助线，上眼睑向外凸，下眼睑向内敛一些，然后再加上瞳孔、睫毛等。

在画不同角度侧面眼睛的时候，可以多参考照片进行临摹练习。画出双眼皮的眼睛，可以显得眼睛大而且有神采，上眼皮要画得有深度一些，并且弧度要大些，下眼皮可以画得浅一些，弧度要小于上眼皮，外眼角处可以画出眼影晕染的效果，睫毛要弯曲并且上翘，尤其是外眼角处的睫毛，下眼睑外眼角处的睫毛，要短于上眼睑的睫毛，并注意睫毛弯曲的方向。画瞳孔的时候，要画出有明暗渐变关系的立体感，并且要画出一个或者两个高光点，一般是靠近上眼睑的部位瞳孔颜色比较深，眉毛要根据眼睛角度来刻画弧度（图3-5）。

图3-5

 讨论与练习

1.根据范画完整临摹一组正面角度的眼睛，体会眼睛绘制过程。

2.根据范画完整临摹不同类型的眉眼图，体会眼睛绘制过程，注意用彩色铅笔突出表现眼妆。

学习反馈

单元三

唇的技法表现

学习要点	不同角度唇的造型特点	学习难点	上下嘴唇的比例、嘴唇在五官中的位置与大小比例关系

 唇的基本结构

嘴唇和眼睛一样，是人物表情变化的重要表达器官之一，能够显示人物的面部特征和不同情感。画的时候要注意角度和表情，并要与眼睛、鼻子形成统一的关系，遵循透视原理。

唇的宽度大致是鼻子宽度的1.5倍。在绘制嘴时，首先要知道唇的结构，这样在表现不同角度时才能将它的透视关系正确表达（图3-6）。每个人的唇型都有所差别。嘴唇会随着脸部的转动及面部的表情，有着很丰富的变化，但在绘画表现中，只要把握了嘴唇的宽度和厚度，就可以完成造型表现。

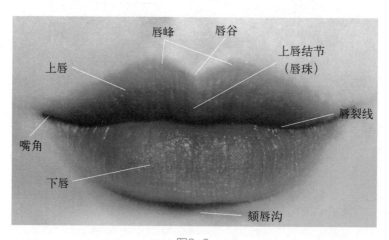

图3-6

唇的画法

（1）正面唇的画法［图3-7（a）］

唇是以面部垂直的中心线为轴呈左右对称，基本形状是由一条直线和两条弧线组成，上下唇好似上下两个扁扁的等腰梯形，下嘴唇的厚度略厚于上嘴唇，理想唇型的上下唇的厚度比为2：3。

除上唇的唇峰外，还应注意唇线轮廓宜勾勒得圆润饱满。

（2）半侧面唇的画法［图3-7（b）］

半侧面唇在正面唇的基础上变窄，同时，要合理分配左右的比例，注意透视关系。

（3）侧面唇的画法［图3-7（c）］

侧面唇的上嘴唇比下嘴唇更突出，绘制时需要把握住这条斜线，同样也要将唇谷表现出来，这样更能显示嘴唇的灵动。

(a)   (b)   (c)

图3-7

三 唇的特征表现

每个人的嘴唇都会有很大的差异，从流行来看，曾经流行过厚厚的嘴唇，是性感和热情的代表；而薄薄的嘴唇也有其独特的冷峻和高贵的魅力。因此，没有绝对的美或流行，更重要的是与妆面、环境的协调。在化妆造型中，唇的可塑性也是非常强的，所以要根据不同场合及妆面要求来设计。

　　在进行具体表现时，嘴角、唇裂线和上下嘴唇分界线是颜色最深的部位，画时要强调。嘴唇有丰富的表情，无论哪种表情，都要画得自然可爱（图3-8）。

图3-8

　　需要注意的是，张开的唇形会露出牙齿，在画牙齿时需要注意不要强调牙缝，不要将牙缝上下画通，尽量弱化牙齿，强化嘴唇形状。

💬 讨论与练习

1.根据范画完整临摹一组正面角度唇部刻画练习，要求唇部结构简洁清晰、上下嘴唇的比例适中。

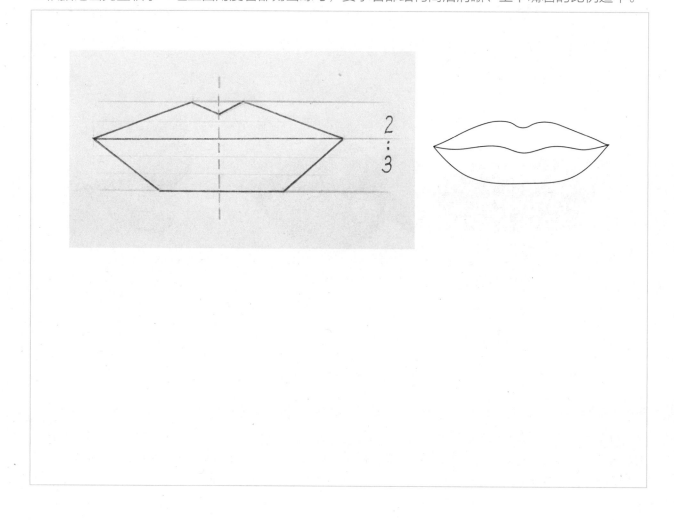

2.收集唇部资料，并依据图片分别进行不同角度的绘制。

单元四

鼻的技法表现

不同角度鼻的造型特点

鼻的结构起伏特点，鼻头、鼻梁、鼻翼的比例关系

一、鼻的作用

鼻在人的五官中，虽对表情影响不大，但对人体面部比例、结构、面容特点及美感塑造具有明显的作用。由于鼻子处于面部中心位置，所以绘画表现时一定要符合比例构成的特征，并做到扬长避短和恰到好处。

二、鼻的基本结构

鼻是由鼻头、鼻梁、鼻翼、鼻根等组成。鼻分为外鼻、鼻腔和鼻旁窦三部分，我们这里所说的鼻指的是外鼻部分。我们通常可以把鼻子外形理解成一个立体的模型，鼻头浑圆，鼻孔大小适中，鼻头与鼻翼的比例协调是理想型的鼻子。我们在进行表现时基本上不需要对鼻子做过多的描绘，只要适当地把握鼻子在面部的比例和形状即可（图3-9）。

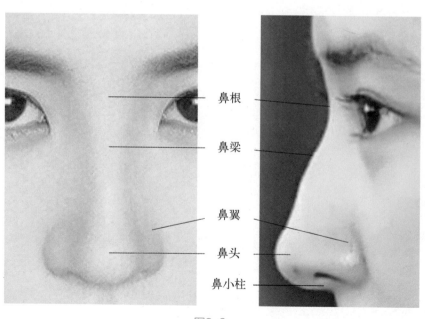

鼻根
鼻梁
鼻翼
鼻头
鼻小柱

图3-9

三 鼻的画法

（1）正面鼻子的画法

正面的鼻子外形是一个梯形，两侧鼻翼沿中心线对称，但是在绘画时表现鼻梁部位的线条应当只出现在一侧，没有必要将两侧鼻翼紧沿中心线对称画全。

（2）半侧面鼻子的画法

半侧面的鼻子在表现的时候要注意，鼻子会随着头部的变化而产生透视。

（3）侧面鼻子的画法

侧面的鼻子外形是一个三角形，处理时要注意鼻梁轮廓线的曲线变化（图3-10）。

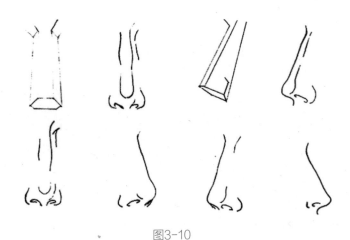

图3-10

讨论与练习

1. 根据范画完整临摹一组鼻子刻画训练，铅笔打形，彩铅上色。要求鼻子结构简洁清晰、整体比例适中、线条刻画细致。

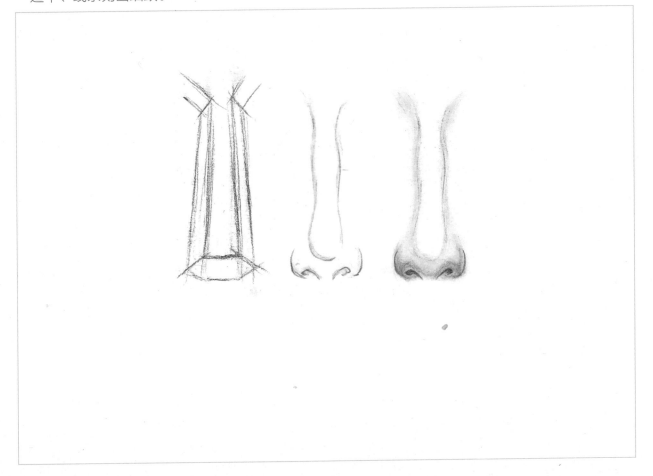

2.搜集鼻的照片资料，进行正面、侧面、半侧面的鼻子造型创作练习。

学习反馈

单元五

耳的技法表现

学习要点	不同角度耳的造型特点	学习难点	耳的结构、不同角度耳的特征

一 耳的作用

　　耳朵本身的形态和结构在五官当中可能是最复杂的，分为外耳、中耳和内耳3个部分。我们在刻画耳朵的时候主要是表现外耳的耳廓部分。耳廓主要包括耳轮、三角窝、耳屏、耳垂等结构。但在面部的表现中，耳朵却并不是刻画的重点。绘画时只需要简单概括地把耳轮、三角窝、耳垂的基本结构表现出来即可。

二 耳的结构

　　从正面看人的耳朵正好在面部三庭的中间。有时候单纯表现面部化妆的时候，耳朵也可以省略不画，但是如果需要着重表现耳部装饰的时候，还是要仔细塑造。耳朵的形体结构是一个壳状，整个外轮廓呈C形，上端宽，底部窄。耳部的形态较好地体现了线的流畅和由线向面自然过渡的优美造型。

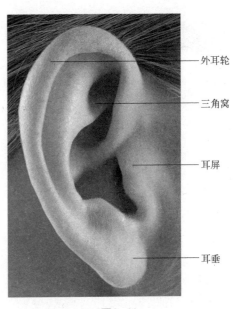

外耳轮

三角窝

耳屏

耳垂

图3-11

三 耳朵的画法

　　首先想象成一个长方体，因为耳朵是有厚度的，注意耳朵是上宽下窄的，类似于一个问号，耳蜗和耳轮之间有一段距离。随后确定耳朵的位置，画出外轮廓与耳轮形状。接着画出耳窝形状，最后画出对耳轮结构，注意对耳轮的朝向问题，要往耳甲处延伸。

　　不同耳朵角度绘制要点如下（图3-12）。

　　① 正侧面，耳朵在头部偏后的位置。

　　② 前侧面，一只耳朵被遮挡，能看到的只有一只耳朵。

　　③ 背侧面，耳朵会有一定的弧度弯曲，类似一个"S"。

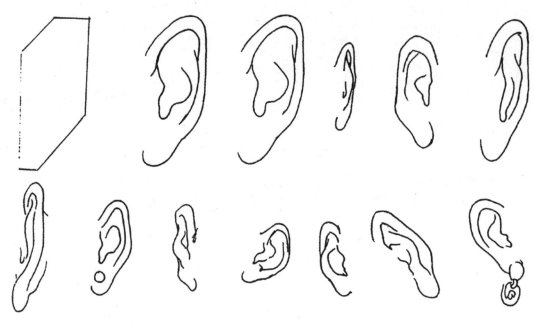

图3-12

🦢 讨论与练习

1.根据范画完整临摹一对耳朵，进行刻画训练，要求耳朵结构简洁清晰。

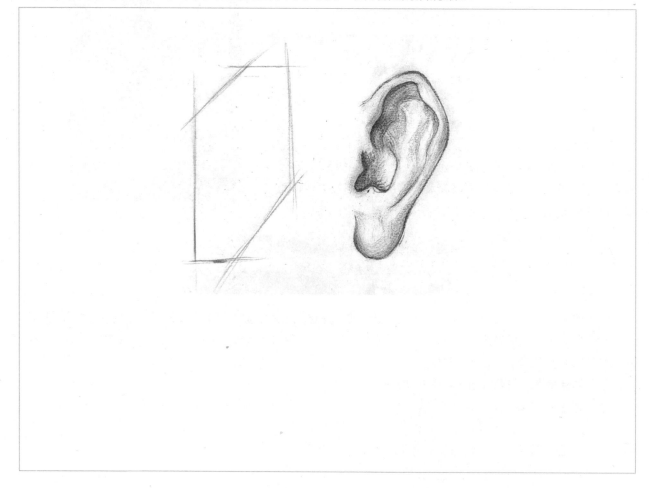

2. 进行正侧面、前侧面、背侧面角度耳朵造型创作练习。

正侧面	前侧面	背侧面

模块
四

发型的表现

知识能力目标

1. 熟悉发型在形象表现中的作用
2. 掌握发型表现的分类与方法
3. 掌握中国传统发型表现的特点并能够分析与复原
4. 掌握国外经典发型表现的特点并能够分析与复原
5. 根据设计要求进行对应发型的表现并实施

课程思政目标

1. 培养学生对美的认知与美学修养
2. 培养学生理论联系实际的学习与工作态度
3. 培养学生认真、细心、严谨的创作习惯
4. 通过学习中国古代发型艺术，对传统文化进行正确认知，树立文化自信

学习方式

　　在画室或专业实训室中，由教师指导学生学习发型结构表现知识，点、线、面的内容，明确发型结构表现的重要性，通过对中国传统发型表现特点、国外经典发型表现特点的讲解，对典型案例进行分析和复原，实现发型表现的良好效果。在教师的指导下，学生组成学习小组，每组4～6人，通过自主学习和面授指导，并结合实际案例与操作，对发型表现的知识与技能综合运用，不断提升。

学习时间

6课时

电子课件

单元一

发型结构表现

<table>
<tr><td>学习要点</td><td>不同发型的表现技法、头发叠压的分组</td><td>学习难点</td><td>发型与人物面部的比例</td></tr>
</table>

一、头发与头骨的关系

头发是附着在头颅上，由头皮的毛囊中生长出来，之后有秩序地向外发散（图4-1）。头发与头骨之间存在着一定的厚度关系，因此绘画过程中一定要注意头发的层次感和厚重感，注意掌握头骨的形态，不要让头发紧贴着头骨，这样头发的质感才会更强，不会显得过于单薄。

二、头发的结构轮廓与分组

头发是有厚度的，所以头发的轮廓线要上移，不能紧贴在头皮上。根据空间的前后关系，一般会把头发分为刘海、鬓发、后发，再根据分组去细化线稿（图4-2）。

头发的分组可以让我们有效地处理叠压与层次的关系，分组的时候要注意每组头发的大小关系，每组头发之间不要雷同或者杂组，有了层次才不会显得呆板。

图4-1

图4-2

1. 头发刻画步骤（图4-3）

① 观察人物头部透视及发型，长线虚勾出外轮廓、发型边缘及衣领形。

图4-3

② 根据已经画好的发型边缘进行分组，组别的大小要均匀，错落有致。

③ 排线，顺应分组在其排线，粗细均匀，线与线之间的距离要相等，开始与结束要明确。

④ 加强头发的体积感，刘海儿区发梢重，中间少许留光亮，发根稍重，鬓角两侧后方头发虚处理，让前方头发凸显出来，调整边缘线，应有点碎发调整。

2. 头发的绘制笔法与细节（图4-4、图4-5）

图4-4

图4-5

① 发梢：要画出自然的头发，需要对发梢重点处理。发梢收拢感的处理方式，往往是容易忽略的要点。发梢是两条收在一起的线条，而非分叉开的线条，并且发梢处线条较细。

② 发根：绘制发簇起点时，要注意引线方向，下笔处有一定弧度。

 讨论与练习

1. 以一款现代时尚发型为依据，进行临摹。

2. 选择一张人物的头部图片，结合自己的创意，加上头饰，并加上人物的面部五官，完成整个头部的效果图，可适当用彩色铅笔加上妆面。

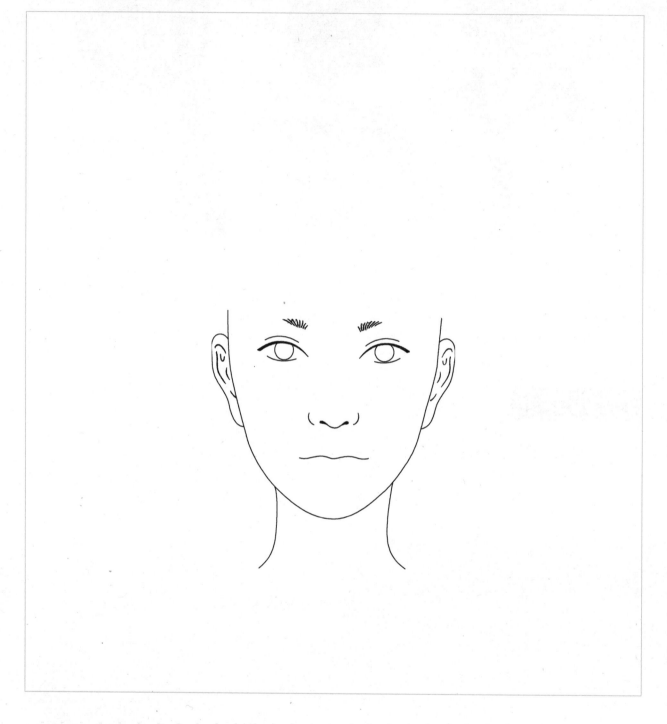

学 习 反 馈

单元二

中国传统发型表现

中国传统发型表现的造型特点

传统发型的工笔表现手法、传统发型的穿插关系

一 中国传统发型的类型

《孝经·开宗明义章》说道："身体发肤，受之父母，不敢毁伤，孝之始也。"可见，古人对头发非常看重。古代女子之美，一半在容颜，一半则全靠形态各异的发髻，而且发髻之美，因时而异，各具风情，女子的发型和冠带能增加女子仪容的俊美，又能体现出女子年龄和身份特点（图4-6）。

中国传统发型主要包含：倭坠髻、十字髻、巾帼、灵蛇髻、惊鹄髻、圆心髻、花冠、牡丹头、高雄髻、垂挂髻、两把头、飞仙髻、凌云髻、垂鬟分肖髻、凤冠、抛家髻、大拉翅、飞天髻、凌虚髻、单螺、倾髻、双螺、一字头。

图4-6

二 古代女性典型发型表现

古代女子的发型基本上是按照梳、绾、结、盘、叠、鬟等变化而成，再配以各种簪、钗、步摇、珠花等首饰，因此古代女子发型的绘制要点是梳编形式。

其中，结鬟式梳理编制法，先把头发拢结于顶，然后分股用丝绳系结，弯曲成鬟，托以支柱，高耸在头顶或两侧，有巍峨眺望之状，再用各种金银珠宝装饰，高贵华丽。一般有高鬟、双鬟、平鬟、垂鬟等几种形式，样式非常多，因此绘制的时候大多是环状的发条，中间大多为撑开的空洞的形状（图4-7～图4-9）。

图4-7   图4-8

图4-9

三、古代男性典型发型表现

古代男性的各种发式不仅兼具美学价值,更多的是体现社会文化属性的象征意义,男子15岁左右开始束发,年满20便要加冠,而束发又分全束和半束半披,我们在电视剧中会看到,许多男性古装角色为了更美观和显得飘逸仙气,多选择半束半披造型(图4-10、图4-11)。

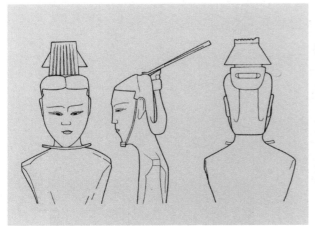  

图4-10 图4-11

通过了解古代的发型并以古代发型为灵感来源,可以进行古装影视人物的发型设计艺术表现,并在此基础上进行创意表现和发展,使创新的发型既具有历史时代感,又具有现代意味,还可以进行新古典主义发型的创意设计。

讨论与练习

1. 查找中国历代经典发型资料,并选择自己喜爱的一款发型,描述其典型特征并加以临摹。

2.以中国历代经典发型为依据，结合自己的创意，加上头饰，并加上人物的面部五官，完成整个头部的效果图，可适当地用彩色铅笔加上妆面。

学习反馈

单元三

国外经典发型表现

| 学习要点 | 国外发型表现的造型特点 | 学习难点 | 国外发型的写意表现手法 |

二 古埃及时期的发型

　　国外各个国家发型的演变，也是随着生产力的发展而不断创新的。为了改变发型，相传古埃及人曾用稀泥、木棍卷发再热晒的方法烫发。从欧洲文艺复兴时期开始到19世纪，是欧洲发型快速发展的时期，各种发饰品也是现代发型创意设计的重要灵感来源。

　　古埃及国王被看作是守护神和太阳神的象征，王冠是其权利和地位的象征。王冠上的鹰是上埃及的象征，上埃及的白色王冠常装饰有鹰，眼镜蛇是下埃及的象征，下埃及的红色王冠常装饰有眼镜蛇，二重冠表示上下埃及的统一，王冠一般用毡子和金属制成。图4-12是古埃及法老不同时期的王冠。

图4-12

　　古埃及人发型和发饰品的风格，一直是创意设计师们反复应用的主题。

三 古希腊时期的发型

　　古希腊在波斯战争之前，男女都是一样的发型，将长卷发披在肩部或者后背，额前有短发卷垂下。公元5世纪前后，古希腊人开始将垂在后背的头发用缎带系起来，额头部位扎发带或者发环，并开始使用黄金和白银做的发环。古希腊妇女非常讲究发式，她们会将精心护理的金黄色头发梳理得井然有序，不留一丝散发，并把卷曲形状的头发按照一定的方向和位置在头上摆放好，有的还在脖子后面挽一个发髻，或从发髻中垂下缕缕卷曲的短发。常见的用于固定发型的是一根束发带，也有用雕花骨针、金或铜发针及发网、花冠等束发（图4-13）。

图4-13

 17～18世纪的欧洲发型的演变

17世纪男女都流行戴假发，并撒上大量的香粉和金粉，有人甚至为了戴假发而剃掉了真发，假发从中间分缝成两个高山形，垂在肩部，并卷成发卷（图4-14）。直到今天，欧洲的法官、审判官和辩护律师等在开庭的时候，还戴着假发，就是这种历史习俗的延续，如巴洛克时期的男子假发就是其典型。

图4-14

等到了18世纪60年代后半期，女子的发型出现高发髻，极端者高达1米，下颌在全身高度的1/2处。高发髻用马鬃或金属丝做支撑，再覆盖上自己的头发和假发。在高耸的发髻上做许多装饰，如山水盆景、森林等（图4-15）。

图4-15

　　学习和了解中西方古代发型，尤其是其审美特点，可以了解历史及时代装扮特点，在学习的过程中，可以临摹外国典型时期的发型，来加深对古典发型的认识，然后参照古代发型和现代发型进行创意发型的设计。

讨论与练习

1.查找外国历代经典发型资料，并选择自己喜爱的一款发型描述其典型特征并加以临摹。

2.以外国经典发型为依据，结合自己的创意，加上头饰，并加上人物的面部五官，完成整个头部的
  效果图，可适当地用彩色铅笔加上妆面。

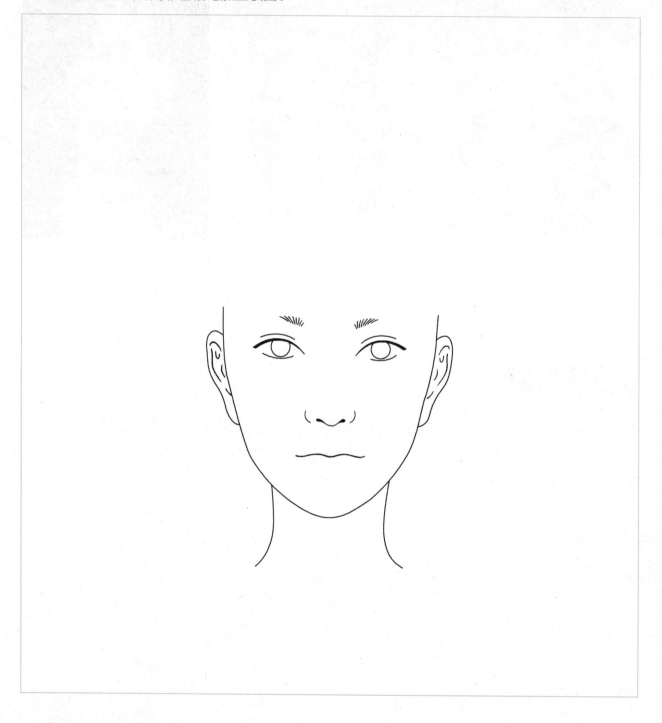

学 习 反 馈

模块五 头部的表现

知识能力目标

1. 掌握头部表现知识
2. 掌握头部结构表现的具体内容
3. 了解头部结构相关的典型案例
4. 掌握头部的风格表现的内容与方法

5. 根据设计要求与不同的头部结构进行头部表现
6. 应用头部表现的主要技能并加以实施

课程思政目标

1. 培养学生对美的认知与美学修养
2. 培养学生理论联系实际的学习与工作态度
3. 培养学生认真、细心、严谨的创作习惯

4. 培养学生黄金分割、三庭五眼等人类文化积累传承的艺术表现逻辑

学习方式

　　由教师指导学生学习头部表现知识，明确头部结构表现中的比例关系、脸型类别等的内容和重要性，通过典型案例分析、掌握头部的风格表现的内容与方法，实现头部表现的良好效果。在教师的指导下，学生组成学习小组，每组4～6人，通过自主学习和面授指导，并结合实际案例与操作，对头部表现的知识与技能综合运用，不断提升。

学习时间

6课时

电子课件

单元一

头部结构表现

一、头部结构表现的意义

在人物形象设计表现中，画好头部结构表现，即面部和五官，熟练掌握人物面部五官的比例关系和生理结构，这样依托面部和五官表达来进行化妆造型设计。

二、面部五官结构与脸型

1. 面部五官的比例结构关系

我们经常会认为某些人的五官搭配非常美，或者某人的脸型让人感觉很漂亮，其实这蕴含了一个面部比例美感的法则：三庭五眼。

三庭是指从前额的发际线到下颏进行三等分，也就是上庭、中庭和下庭，上庭是从发际线到眉头，中庭是从眉头到鼻底，下庭是从鼻底到下颏，标准的脸型三庭的长度基本相等（图5-1、图5-2）。

五眼是指面部的宽度大体相当于五只眼睛的宽度，也就是内眼角到外眼角的宽度。

人类的面部可以有丰富的表情，从几乎无法察觉的微表情，如嘴角轻微地抽搐，到情绪巨大起伏影响下的面部肌肉全面收缩，如痛苦或狂笑等，也可以通过细致的观察和多种技法进行表现。此外，我们在化妆或

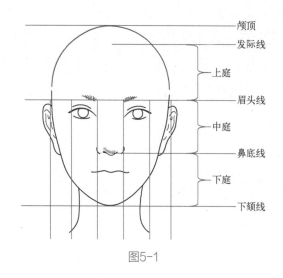

图5-1

图5-2

者绘画的时候，为了达到主题设计要求或者特殊效果要求，会将眼睛的长度或者宽度增加，使眼睛看起来更大或者更有活力，所以在实际的化妆中，会有适当的比例调整。

2. 脸型

所谓脸型，是指面部的轮廓。脸的上半部是由上颌骨、颧骨、颞骨、额骨和顶骨构成的圆弧形结构，下半部取决于下颌骨的形态。其中颌骨起了很重要的作用，决定了脸型的基础结构。其中，常见的几种脸型如图5-3所示。

① 方形脸：又叫国字脸，有长短之分。方脸主要是由于下颌角肥大造成的，大多数伴有咬肌肥大。方脸的轮廓明显且线条硬朗。

② 圆形脸：面部线条圆润，大多数都是肉嘟嘟的，因此也被称为娃娃脸。圆形脸的人看起来年轻可爱，亲和力强。

③ 长脸：脸型比较瘦长，额头颧骨与下颌的宽度基本相同，脸宽小于脸长的2/3。脸颊比较瘦削，看起来会比较理性，给人高冷之感。

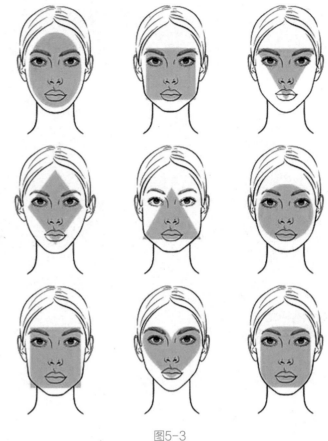

图5-3

④ 椭圆形脸：被称为鹅蛋脸，是传统审美中理想的脸型，鹅蛋脸线条弧度流畅，额头与下颌部宽窄得当，颧骨中部最宽，下巴线条呈圆弧状，看起来温柔端庄典雅。

⑤ 菱形脸：前额较窄，太阳穴比较凹，颧骨比较突出，脸颊瘦削甚至内陷，整个面部轮廓明显。

⑥ 倒三角脸（心形脸）：是瓜子脸的一种，心形脸面部上部较圆而下部拔尖，额头饱满，眉弓上扬，脸颊丰润，苹果肌饱满有弹性，秀气的下巴向前微微翘起，看起来可自然妩媚，可柔美婉约，可甜美动人。

三　头部效果图的绘制

1. 面部五官的位置确定

以人物正面脸部的画法为例，首先要确定面部在画纸中的位置，然后将头的外形归纳成一个最简单的几何形体，如先画一个上大下小的蛋形或者椭圆形，然后在其1/2处确定眼睛的位置；接着确定发际线，然后根据三庭五眼的比例关系，将发际线和下颏之间进行三等分，确定出三庭的位置，继续确定眼睛的位置，在中庭的1/3处。到此为止，面部的大体位置关系就确定好了，然后就可以根据自己的需求，继续细化眼睛、眉毛、嘴巴等部位的细节。

2. 头部造型的绘制步骤

首先勾勒出人物头部造型的基本轮廓和五官的位置；其次准确勾勒出五官的造型效果；随后刻画头发的分组效果和发丝走向；接着在眼窝、鼻侧、鼻底、唇下、颧骨等部位涂画淡淡的肤色；然后使用深色简单刻画头发，并将五官的轮廓和面部轮廓强调出来；再使用较暖的肤色进一步强调和刻画五官；最后，在眼部、颧骨等部位将妆面效果进行细致刻画，完成头部造型的最后表现（图5-4）。

图5-4

 讨论与练习

1.完成一幅符合三庭五眼比例的妆面图。

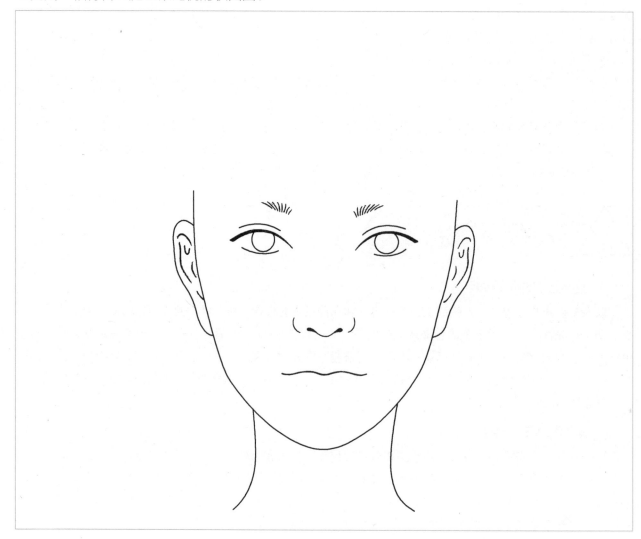

2. 进行面部形态的情绪表达创作，要求画面完整，构图得当，面部比例协调，表情表达到位，表现
　　人物的性格特征。

学习反馈

单元二

头部风格表现

风格可以使一位创作者的多个作品具有统一性，并与其他创作者的作品区分开，这在头部风格表现上尤其明显。我们以常见的时装画表现风格为例，通过写实风格、写意风格、动漫风格及另类风格等来介绍头部风格表现。

写实风格

写实风格的头部风格最大的特点是效果逼真，要求也相对要高，人面部的结构、比例和动态要准确，线条讲究细致、丰富，用笔和用色讲究仿真，光影过渡要自然，甚至一些微小的结构变化和光影变化都要交代清楚（图5-5）。

图5-5

二、写意风格

写意风格头部的表现特点是生动、个性明显且氛围浓厚，通常会刻意对画面进行局部省略或留白处理。在绘制此类风格时要求把握对象的主要特征，从中提炼出主干及重要的线条和结构，使用简化的手法完成头部的描绘（图5-6）。

图5-6

三、动漫风格

动漫风格主要以动画、漫画等形式进行表现。无论是在用线和用色上，还是在造型和构图上，不同的画师有不同的表达方式。此类风格的特点首先体现在五官的变化上，通过对五官的夸张、省略或变形去表现或酷或可爱的人物形象（图5-7）。

图5-7

四 另类风格

　　另类风格的头部表现特点是有个性、新奇，甚至有些诡异。该类风格往往通过突破常规的概念来表达个性，并且只有具有相同认知的观看者才能产生共鸣。在绘制此类风格的时装画时，要求以变形的手法突出个性，甚至不惜放弃对人物头部比例的合理描绘，追求怪异的、打破常规的结构和比例，注重画面视觉效果的表达（图5-8）。

图5-8

讨论与练习

1.寻找自己喜爱风格的范画，进行完整临摹，特别要加上头部造型，包括妆面。

2.独立完成一种特定风格的作品创作，要求比例结构正确，风格明显，画面要求有细节、完整。

模块六 人体的表现

知识能力目标

1. 掌握人体组成结构与比例关系
2. 熟悉身材类别的内容
3. 掌握四肢的表现方法
4. 掌握姿势与动态的类别与表现方法
5. 根据设计要求进行人体的多种表现
6. 应用人体表现的技巧并加以实施

课程思政目标

1. 培养学生对美的认知与美学修养
2. 培养学生理论联系实际的学习与工作态度
3. 培养学生认真、细心、严谨的创作习惯
4. 培养学生对人体结构、运动形态等的正确认知和多种艺术表现理念

学习方式

　　在画室或专业实训室，体育场馆，舞蹈与运动健身等场所，由教师指导学生学习人体的表现知识，明确人体结构中的比例关系、四肢的表现、姿势与动态的表现，通过典型案例分析，掌握人体表现的内容与方法，实现人体表现的良好效果。在教师的指导下，学生组成学习小组，每组4～6人，通过自主学习和面授指导，并结合实际案例与操作，对人体表现的知识与技能综合运用，不断提升。

学习时间

6课时

电子课件

单元一

人体的结构

 人体的结构比例

　　人物形象设计的表现，是人物整体的表现，因此必须要学会画简单的人体姿势和动作，必须了解基本的人体比例关系和特征。人体的结构很复杂，是由头部、躯干、四肢三大部分组成，每部分又由关节链接。一般来说，一个正常成年人的身高是7个头或者7个半头，但是在绘画表现技法效果图中，为了使人体显得修长，我们要适当地对人体进行夸张和拉长，普遍采用的是9头身，视觉冲击力更强的会采用10头身或11头身（图6-1）。

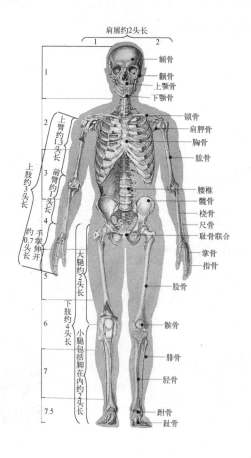

图6-1

　　除了长度上的比例，人体各结构部分在宽度上还要符合一定的比例关系，男女人体的差异正是因为肩和臀在宽度上比例的不同而展现出来的。

　　女性人体最显著的特征是肩部与臀部等宽，而腰部明显内敛，使女性人体呈现出沙漏的形状。

三　人体绘画的表现步骤

　　首先在画纸上，我们可以先确定头顶部位的一条水平线，再确定脚踝骨塑造的位置线，注意脚踝线下面要留出画脚的位置，也就是半个头的高度，然后在两条直线之间平均分成8份，第一个头的位置就是头本身，第二个头的位置到胸部，第三个头在腰部，第四个头在耻骨位置，第五个头在大腿中部，第六个头在膝盖部位，第七个头在小腿中部，第八个头在脚踝，肩部在第二个头的2/1处（图6-2）。

　　在我们画得比较熟练的时候，人物的画法也可以相对简化，比如，不用将每个"头"都分出来，而是只画出一些关键点的位置。

　　人体各部位的长度确定了，接着就可以确定各个部位的宽度。一般女性肩宽是头宽的2倍左右，臀宽一般等同于肩宽。再有胳膊位置的确定，可以设定颈窝处为圆心，颈窝到腰部为半径，胳膊的肘关节就在这个弧线上活动。而其他部位相对协调就可以了。如果是画男人体，肩部要相对宽于臀部，也就是身体要呈现出倒三角形。

　　总之，在画人体之前，要先确定大体位置关系，确定关键点，然后在各个关键点之间连线，最后在有肌肉起伏的部位进行对应结构的处理。

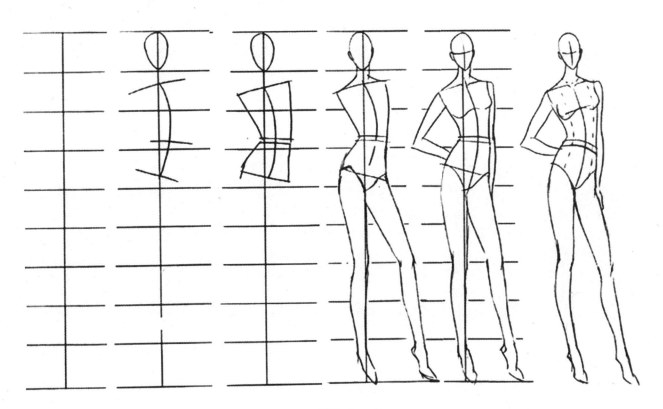

图6-2

⊙→ 讨论与练习

1. 在下面方框里完成7头身，9头身，11头身的绘制，并讨论其适用的需求。

2. 完成男性和女性的身材绘制，体会其表达效果。

单元二
四肢的表现

不同姿态的手与脚的结构比例。

手的姿态与比例、脚的姿态与鞋子的款式细节表现。

二、手与手臂的表现

1. 手的表现

（1）手的结构

要画好手，首先要了解手的简单解剖结构。手由腕骨、掌骨、指骨等组成。腕骨和下臂的尺骨、桡骨相互衔接，又和手掌相连，起到支配腕关节各种屈伸和滑动的作用（图6-3）。

（2）手的姿态

手的动作很灵活，因此姿态多样，效果图中的手部表现也要进行适当的夸张和概括。女性的手要突出纤细修长和姿态的柔美优雅，手指部分要适当加长，手掌适当缩短，简化骨节部分（图6-4）。

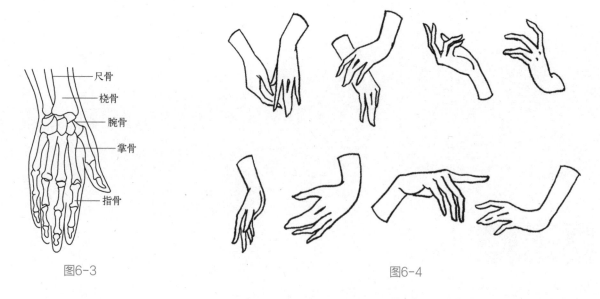

图6-3 ……尺骨 ……桡骨 ……腕骨 ……掌骨 ……指骨

图6-4

（3）手的画法

可以将手想象成一个几何形体，轻轻地画出手部的整体轮廓结构，然后加上拇指和其他手指，最后调整细部结构。

男性的手则相反，男性的手比女性的手要方硬，骨节和手指头都要粗大很多，应突出粗壮有力。基本比例与女性一样，手指与手掌的比例基本相等（图6-5）。

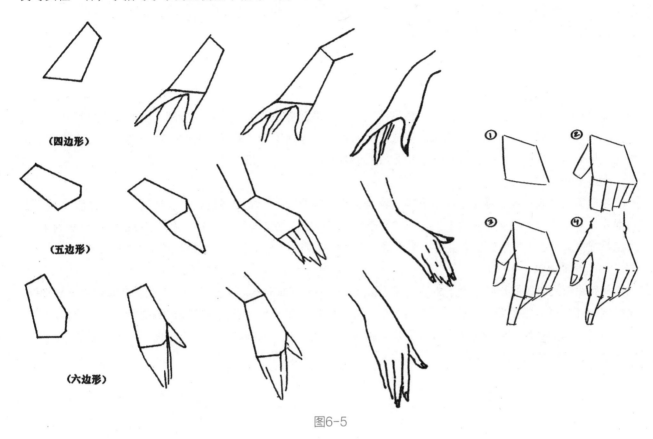

（四边形）

（五边形）

（六边形）

图6-5

2. 手臂的表现

（1）手臂的结构

手臂呈圆柱形，骨骼和肌肉维持其基本形态。手臂的骨骼结构主要是上臂的肱骨与前臂的桡骨、尺骨衔接，手臂的肌肉组织主要有三角肌、肱三头肌、肱二头肌和前臂外侧肌群（图6-6）。

（2）手臂的画法

手臂的线条从肩而下，呈现一定的弧度，用笔要流畅，应注意手臂的粗细变化；画肘部时要注意骨点，应自然突出，不能画得僵硬；前臂与手之间是腕部，这是手臂最灵活的部位（图6-7）。

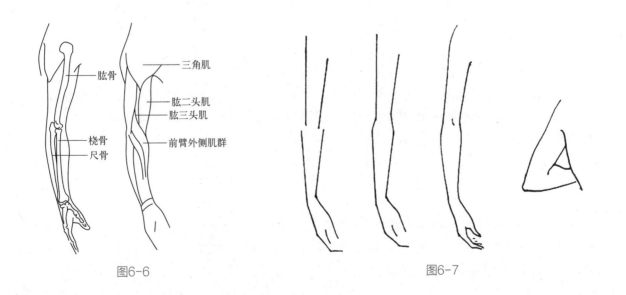

图6-6   图6-7

二 脚与腿的表现

1. 脚的表现

（1）脚的结构

脚的外形从正面看是一个梯形和三角形的组合，从侧面看是三角形。脚由脚踝、脚跟、脚背和脚趾四个部分组成（图6-8）。从解剖结构来说，构成足部的骨头，包括跗骨、跖骨和趾骨。在表现中，一般将女性足部表现得柔美、修长，男性足部表现得粗壮、有力量感。

（2）脚的姿态

在形象设计表现中，通常情况下脚都是穿鞋状态，因而脚的形象更多的是对于鞋的表现，而脚本身要适当地简化，一方面使线条流畅优美，另一方面避免喧宾夺主。根据身体姿态的变化，双脚的动态也极为丰富，关键是把握脚部各个角度的形态变化，尤为重要的是左右脚的协调关系，这也关系到人体的整体平衡。

（3）脚的画法

从脚后跟到脚趾的长度，等于头的长度，也就是一个人的脚长约等于这个人的头长。在表现脚的外形时，突出内踝和外踝非常重要，脚后跟要向后突出，脚底的足弓要明显，也就是脚的内侧要凹，外侧要相对平一些。画正面脚的时候，内踝比外踝高并突出，脚背要形成斜面，大脚趾可以突出刻画，形成力量的支点，其他四个脚趾可以画成一组（图6-9）。

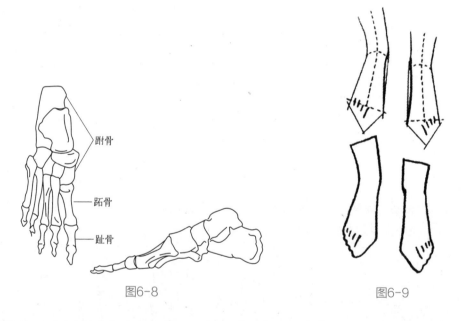

图6-8　　　　　　　　　　　　　　图6-9

画女性的脚时，要适当地在长度上夸张，这样可以显得修长柔美，穿高跟鞋的脚可以表现女性的身材美，鞋跟越高，从正面和3/4侧面看，脚就越长，而穿平底鞋或者稍息的姿势，从正面看脚就显得短宽了。

如果要把两只脚都画出来，可以把远处的那只适当画短一些，这样就会产生空间距离感。先轻轻地画出基本的大概轮廓，画出脚踝、脚后跟和脚趾等部位的关键点；如果能看见足弓的话，要画出足弓；穿鞋的脚，要画出脚的细节和鞋的细节结构，如鞋跟、鞋带和鞋的装饰物，然后观察整个鞋与脚的关系，看鞋是否穿在了脚上。

在脚部的表现中还需注意，随着鞋跟高度的不同和视角的改变，脚会呈现出不同的姿态，在学习中要注意训练不同鞋跟角度的脚部姿态，把握脚踝和脚背的变化。女性鞋的款式多样，脚部姿态也丰富，相对而言，男性脚部姿态稳重，变化较少（图6-10）。

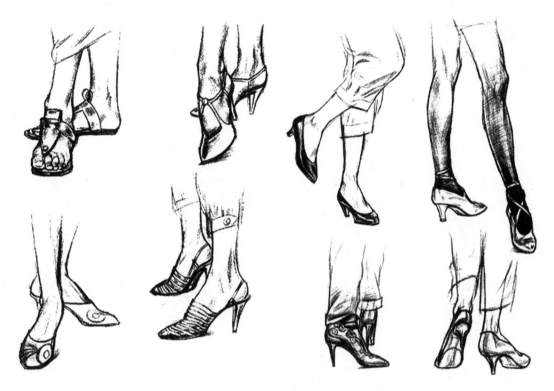

图6-10

2. 腿的表现

（1）腿的结构

腿部的骨骼大致包括大转子、股骨、髌骨、胫骨、腓骨。腿部肌肉可分为股内侧肌群、股四头肌、缝匠肌、腓肠肌、胫骨前肌等（图6-11）。

（2）腿的画法

正面大腿向内侧倾斜；缝匠肌斜向大腿内侧，与小腿胫骨形成一条"S"形线；小腿胫骨前肌比腓肠肌高（图6-12）。

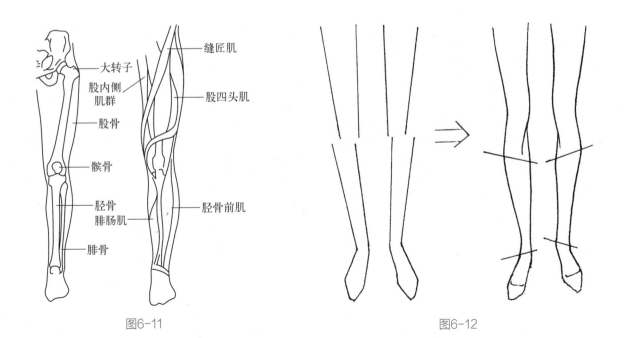

图6-11　　　　　　　　　　　　　　　　　　　图6-12

讨论与练习

1. 根据范画完整临摹一组不同姿态的手与手臂。

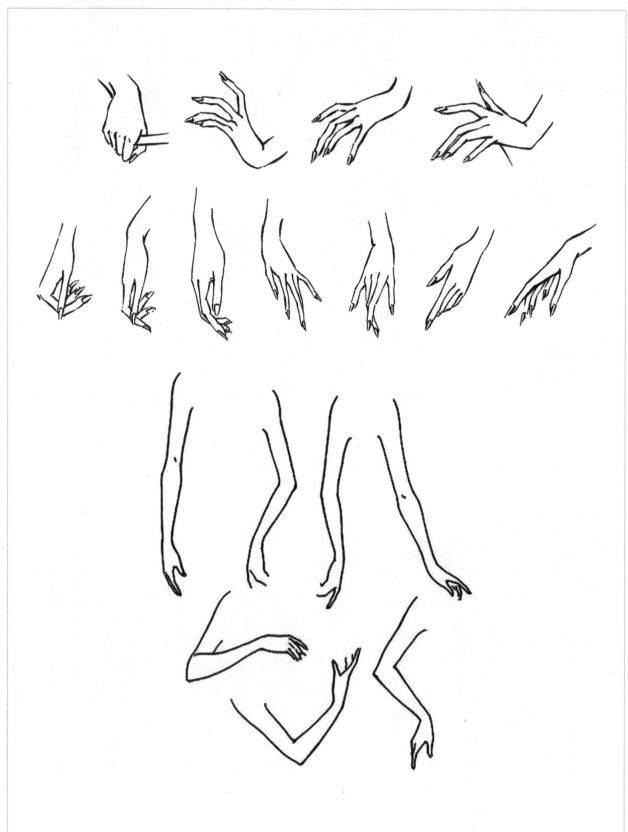

2. 根据范画完整临摹脚、鞋子与腿。

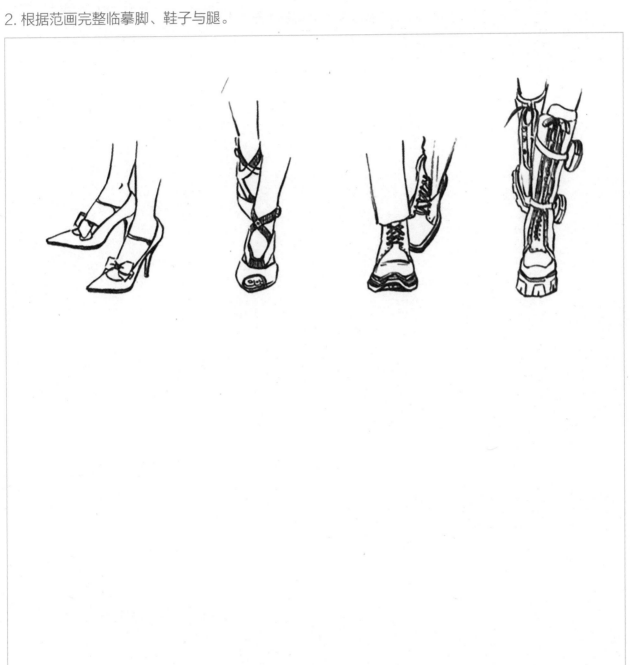

3. 观看中西方的经典舞蹈作品，体会女性优美丰富的肢体语言，开展讨论。

学 习 反 馈

单元三

姿势的表现

学习要点	人体的结构比例与姿势	学习难点	人体运动规律的把握与体现

人体的动作姿态大致分为静态姿势和动态行走姿势两种。

在整体人物姿态表现中，一般选择正面的姿态比较多，因为这个动作能够比较完整地将人物的整体形象表现出来。当然在不同主题内容的时候，也要适当地根据展示内容的需要，绘画人物的侧面或者背面等特殊角度。

绘画人体姿态之前，要对人体的结构、骨骼、肌肉有基本的了解，为了强调服装的不同款式，要对应设计不同的人体姿态，发型、妆容也要与服装对应成为一个整体。从整体姿态上看，女性强调阴柔之美，颈部挺且长，手臂、腿、手指修长，重点表现胸、腰、臀的曲线美，胸部丰满、腰部纤细、臀部圆润，线条柔和圆顺，弱化肌肉，表现婀娜多姿的女性体态。而男性则强调阳刚之美，颈部粗壮，肩背宽厚，四肢长且有力，肌肉发达，线条刚劲，整体表现健美有力的男性人体。动作幅度上来看，男性表现稳重，动作幅度较小，女性婀娜多姿，动作幅度大，尤其是腰臀和手臂的摆动幅度要明显大于男性。

一般在最初的训练中，要求将人体全部画出来，然后再给人体穿上衣服，最后将人体被衣服遮盖住的部位擦掉，这样能够更准确地表现服装的各种细节部位（图6-13）。需要注意的是：人体在画纸上，不要过大、过小或者拥挤在一个角落。

二 人体的运动规律

通过对人体结构的学习，我们知道人体是由三大部分组成，由关节链接，关节的部位可以自由活动，而其他的部位则不能。肩部的运动带动上肢的运动，胯部的运动带动下肢的运动，同时，由于肩胯的运动又带动颈椎、胸椎、腰椎的扭曲摆动，从而形成不同姿态的人体。

1. 两垂线

两垂线是指中心线和重心线。

中心线就是锁骨至胸窝至肚脐的线，中心线主要关系着人体左右的对称，在形象设计表现中，要时刻把握这种对称。中心线在人体站立时呈直线，但是，随着人体姿态的变化而扭曲。

图6-13

　　重心线则是锁骨向下垂直于地面的线，与中心线不同的是，无论人体以何种姿态，中心线始终垂直于地面。当人体立定站立时，中心线与重心线重合。

　　在稳定的人体姿态中，要注意掌握好人体的重心，维持整体平衡。

2.三横线

　　三横线即肩线、腰线和臀线。

　　这是三条关系人体运动姿态的关键线，把握好这三条线的运动规律，就可以得心应手地处理人体动态。其中对人体动态影响最关键的是肩线和臀线，因为腰的扭动需要肩和胯的带动，而且，肩线和臀线可以摆动的幅度比较大。

　　肩线和臀线在身体扭动时是有规律的，如人体呈S形扭动的姿态，这两条线呈相反的扭动方向，相反的程度越深，扭动幅度越大（图6-14）。

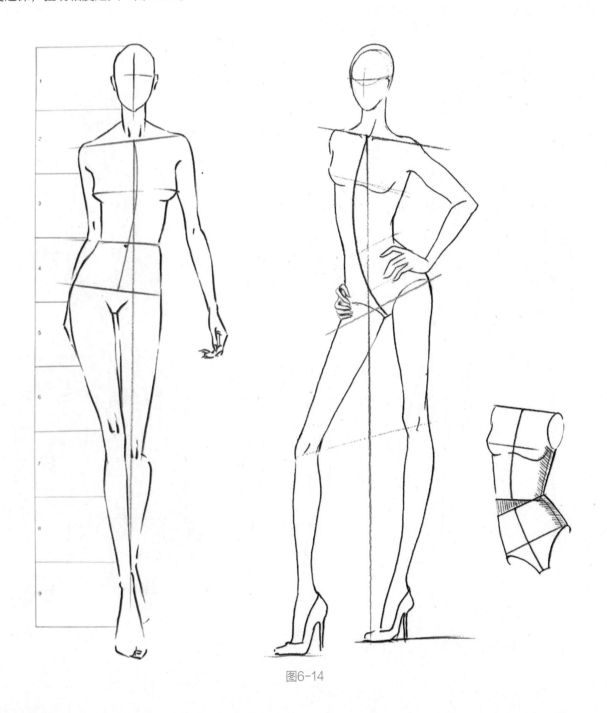

图6-14

三　人体静态姿势的画法

　　静态姿势中一般身体的动作幅度都比较小，身体四肢距离中心线的位置都不太远，肩膀放松，肘部靠近躯干，手腕动作柔软，放松下垂的手腕可以稍有些弯曲，臀部倾斜明显，弯曲的膝盖一般靠近中心线。由于静态姿势比较安静，所以适合表现以正面造型为主或者淑女主题的整体造型，注意肩部斜线和臀部斜线的方向。为了表达出比较强的立体感，还可以根据素描的关系，在背光的一侧画出阴影效果。

　　画面的表现中，人体是由肌肉和骨骼组成的，虽然人体结构非常复杂，但还是可以用最简单的几何形体归纳：头——椭圆形，颈——长方形，肋骨骨架——梯形，上臂——长方形；大腿——梯形，等等。尽量将人体简单化处理，然后在这个基础上，再添加肌肉及其他对应的人体曲线和人体骨骼，这种形式比较好掌握，是初学者比较适合的一种学习方法（图6-15）。

图6-15

三　人体动态姿势的画法

　　动态姿势一般动作的幅度都比较大，描绘的是模特在T台行走的姿态，一般刻画模特迈着轻盈的步态，两条腿一前一后，由于视觉空间的距离感，后面的腿会画得稍短一些，弯曲的腿从膝盖部位摆出，手臂优雅地摆动在身体的两侧，手部可以稍微向外摆出，或者手部叉腰等（图6-16）。

图6-16

讨论与练习

1. 根据范画完整临摹一幅静态的人体。

2. 根据范画完整临摹一幅行走的人体。

3. 观看服饰品牌发布的视频，体会行走中的人体姿态变化，并进行绘制

模块七　服饰的表现

知识能力目标

1. 掌握服装款式表现的内容
2. 掌握服装材质表现的内容
3. 掌握服装配饰表现的内容

4. 根据设计要求进行服装款式、材质和配饰的选择和表现
5. 应用服饰表现的原则与基本技法并加以实施

课程思政目标

1. 培养学生对美的认知与美学修养
2. 培养学生理论联系实际的学习与工作态度
3. 培养学生认真、细心、严谨的创作习惯

4. 通过学习中国古代代表性服饰的文化与技艺，对传统文化进行正确认知，树立文化自信

学习方式

　　由教师指导学生学习服饰的表现知识，明确服装款式的表现、服装材质的表现以及服装配饰的表现等内容和其重要性。通过典型案例分析，掌握服饰表现的内容与方法，实现服饰表现的良好效果。在教师的指导下，学生组成学习小组，每组4～6人，通过自主学习和面授指导，并结合实际案例与操作，对服饰表现的知识与技能综合运用，不断提升。

学习时间

6课时

电子课件

单元一

服装与人

学习要点	服装与人体的关系、不同褶皱的结构	学习难点	不同褶皱的线条变化

服装的设计是人物整体形象设计的重点，因此，服装的表现也是形象设计表现重点着墨的环节，可以说服装表现得成功与否，影响到人物整体形象表现的最终效果。通过对服装的绘制，直观地传递出设计师的设计意图，服装款式造型和花色质地、人体造型的完美结合都可以直接通过效果图反映出来，准确展现形象设计的艺术灵感。

一 服装与人体的关系

服装的核心是人，服装离人体最近、能被人体直接感觉到。服装与人体有着极其密切的关系，人体的姿势、形态影响到服装的造型，人体和服装的和谐关系也实现美的效果。

1. 着装放松量

放松量是服装与人体之间的空隙，它直接影响到服装的廓形和人体穿着的舒适度，合理的着装放松量直接影响到我们对美的感受。

不同的放松量对应不同类型的服装，放松量为零的服装很合身，如内衣；放松量为负数的服装完全贴合人体结构，通常适合于弹性面料的紧身服装，如游泳衣、紧身针织衫等（图7-1），服装离开体表的为正放松量，放松量越大，服装越宽松。我们大多数的服装都需要一定的放松量，放松量合理的服装穿着较为舒适。

2. 受力点

服装穿着在人体上，紧密贴合人体的部位通常称为受力点。在受力点上，服装与人体是贴紧的，其他地方的服装则是宽松的，受力点往往将服装撑起没有褶，但是褶往往是从受力点发散出去的。

人体着装几个主要受力点是：肩、肘、颈、胸、膝、胯、臀（图7-2）。

紧身服装与人体基本一致，最容易表现。而宽松的服装则复杂得多，尤其人体运动时，服装变化大，受力点也会发生变化。

3. 服装与人体的造型关系

服装的造型是以人体为依据的，服装种类的不同，其构造、功能、材料、装饰性和放松量都会有很大的不同，如：在构造上接近人体的服装往往覆盖面少，设计简单而且注重功能性，材料选择弹性面料，如潜水衣等；注重装饰性的服装则会设计复杂的装饰效果，并且覆盖面较多，面料的选择比较宽泛，这些服装更偏向着装效果，如礼服等。后者比前者远离人体的轮廓，却使服装设计具有了更多的造型感（图7-3）。

图7-1   图7-2

图7-3

三 褶皱的表现方法

褶皱在服装造型中占有重要位置，被广泛应用在现代服装设计中。"褶"作为服装造型的一种手段，主要目的是增加服装的审美情趣、表现着装形式的多样性。褶皱的不同表现无论是平面还是立体，贯穿了面料的设计到服装的造型变化的整个过程。根据着衣状态，褶皱分为式样褶和动态褶。

式样褶是常用的服装设计表现手法，它是服装静态表现设计的直接呈现，是直接存在的褶，不受穿着的影响。服装的整体样式，如层次、结构、松紧度都可以由式样褶表现。表现时要注意线的运用，一定要有疏有密、有松有紧，人体突起部位最高处不要产生褶。

与式样褶对应的是动态褶。人体不是平面的、静止的，人体各部位的结构本身有凹凸变化，而人体四肢、躯干活动范围很大。当服装穿于人体后，在运动中由于力的作用、牵引和折叠自然会形成各样的纹理和褶皱，这就是动态褶。

下面介绍几种常见褶皱的画法（图7-4）。

① 瀑布状褶边的画法：面料没有抽褶或打对褶，而是以瀑布状的自然形态，从拼缝处悬垂下来。

② 荷叶边的画法：将面料抽褶后形成类似荷叶边的效果。

③ 垂荡的画法：褶裥状的垂荡，可以用在服装的领子、上衣、袖子、裙子或裤子上。

④ 抽褶的画法：用线把面料进行抽缩的一种缝制方法的效果。

⑤ 绗缝的画法：画绗缝的线时，用微微突起或略带曲线的线条，表示填充后的效果。

图7-4

讨论与练习

1. 根据范画，在下面方框里完整临摹一组不同形态的衣褶。

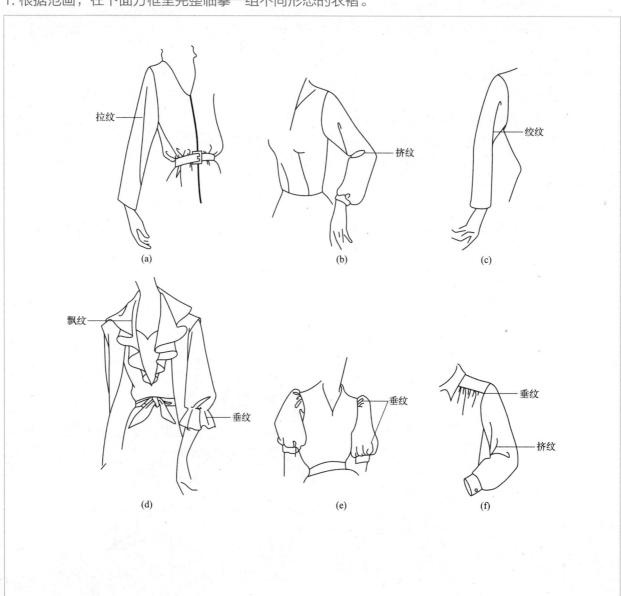

2. 观察服装衣纹、褶皱的结构与走向等线条变化，在下面方框中绘制。

学习反馈

单元二

服装款式的表现

学习要点	不同款式服装的表现	学习难点	不同款式服装褶皱的线条变化

 服装外形的概念

　　服装的外形，是指服装的外轮廓形状，是对服装整体造型的一种简单规划，是整体的着装状态及相应的气氛和风格，一般用剪影的形式表现。服装的外形对空间进行分割，是服装局部外形与整体外形的组合，能塑造人物的整体形象，可以体现人物形象外形的整体比例美感。

　　从服装发展历史来看，服装的外形会有周期性的变化，也就是服装的外形会反复出现，有经验的人可以通过服装的外形，来辨别其所处的历史时期。

 服装外形的分类

　　服装外形分类有：字母形、几何形、仿生形等，其中字母形是国际通用的服装外形分类。常见的字母形主要有S形、Y形、T形、H形、A形、O形、X形等（图7-5）。

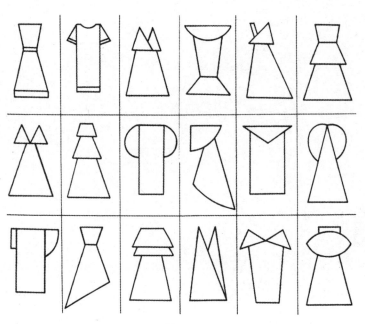

图7-5

S形也叫紧身形，是一种紧贴人体的服装外形，能够表现出人体的自然形态特征，体现人体的形态美和性感美，对突显女性胸、腰、臀的三围曲线美感具有实际意义，在应用时可以与多种形式的服装进行组合搭配，形成不同的美感体验。Y形是上宽下窄的服装外形，可以看成是方形和梯形的组合。这种造型具有动静结合的美感，肩部的夸张使服装外形显得很硬朗，下半身直线的造型有收缩的作用，这一类服装可以是套装，也可以是组合形式。X形强调女性三围的差异对比，其造型紧收腰身，夸张肩部、臀部和服装下摆，这种服装外轮廓造型是女性晚礼服常用的外形，夸张的下摆具有装饰美感、动态感和飘逸感，整体造型可以产生强烈的对比性。T形与Y形相似，都是强调肩部的表现，或者上身与袖子成为一个整体，表现肩部的夸张和硬朗，并且强调肩部以下部位的直线条，不过分强调胸部和腰部，这也是典型的男性化服装外轮廓造型。

三 服装局部款式的表现

如果把服装看作一个整体，那么它是由各个局部构成的，如领子、袖子、口袋、门襟，以及裤子，裙子等基本款型。在服装外形设计的基础上，还需要针对服装的局部和细节进行设计。服装的外形与局部构成，共同构成整体服装的造型，使服装具有更加丰富的变化。在对服装的局部款式进行设计和表现时，应该对其造型和结构有基本的认识和了解，这样才能表现得更加符合实际。

1. 衣领的表现

领子是最接近脸部的部分，对于头部的修饰作用最为关键，是人物形象设计中重点关注的部分。服装领型的变化极为丰富，对于服装的造型变化影响很大。由于领子的主要受力点在脖子和肩上，而颈部和肩部的动作幅度较小，所以身体动态对领子的着装状态影响不大，表现时只需要把握领子和颈部的穿着关系，以及肩部的承受关系。

领子的形状，在外形上具有表现服装风格的作用，是服装的重要组成部分。领子可以分为无领、翻领、翻驳领和立领，还可以分为开门领和关门领（图7-6）。

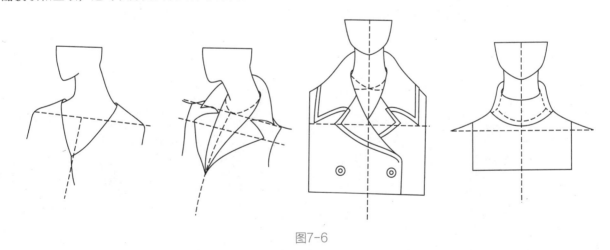

图7-6

2. 衣袖的表现

上身动态最丰富的部位是手臂，因此，手臂外覆盖的衣袖对着装状态影响最大。衣袖通常由袖窿、袖身、袖口三部分组成，是服装的重要造型结构。手臂动态会影响衣袖的造型，腋下和弯曲的肘部会形成褶皱，宽松的袖子多形成悬垂的重力褶，合体的袖子多形成挤压褶。一般来说，衣袖越宽松，受手臂姿态的影响越大，短袖由于露出肘部，受力点减少，受手臂姿态的影响减小。在进行衣袖的表现时要关注力的作用，衣袖的主要受力点在肩部和肘部，这两个部位会形成大量的褶皱，受力越大褶皱越明显。我们在进行衣袖的表现时，不仅要表现不同的袖型的造型结构，还要将不同手臂动态的袖型效果生动地表现出来。

衣袖可以按照长短或结构分类，按照长短分类有长袖、中袖、半袖、短袖、无袖；按照结构分类有无袖、连袖、装袖、蝙蝠袖、泡泡袖、灯笼袖、喇叭袖等（图7-7）。

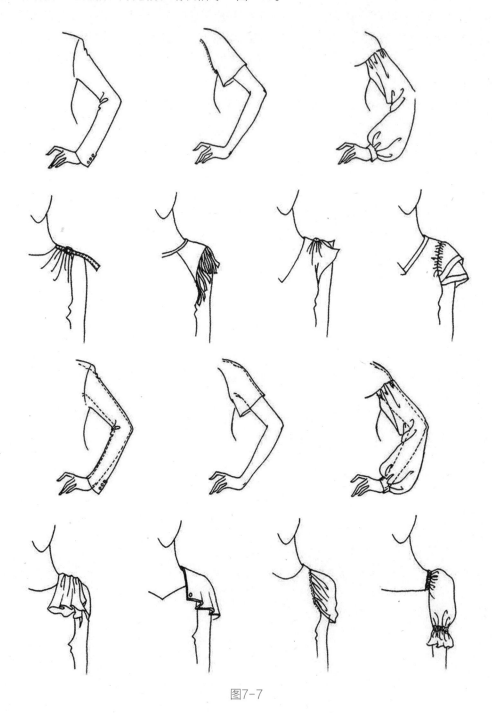

图7-7

3. 口袋的表现

口袋的大小与形状各不相同，既具备装饰美感，还有很强的实用性（图7-8）。在表现对称的口袋时，要注意人体的中心线、肩膀的倾斜角度和臀围线的倾斜角度。

4. 门襟的表现

在门襟的绘制上，要注意分割、明线装饰、工艺细节处理等方面的表现（图7-9）。

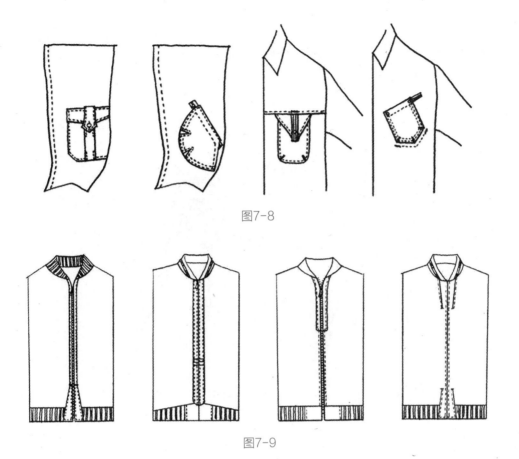

图7-8

图7-9

5. 裙子

裙子的造型变化最为丰富，紧身裙、A字裙、抽褶裙、百褶裙、鱼尾裙、短裙、长裙等数不胜数，是女性服装中最具特色的。大多数的裙装为自然下垂的款式，由于裙装本身会在内部形成较为宽裕的空间，因而着装之后对裙装本身的造型影响较小。在裙装的表现时，重点把握其外形、随着人体动态的下摆变化及裙子本身的式样褶和设计细节的表现。例如，喇叭裙的裙子褶的大小变化和位置，与人体的姿势有密切的关系；褶裙在裙腰上或拼缝处自由地抽褶，褶从腰带或拼缝的位置往下垂；褶裥裙上的每一个裥的两条线都必须对称，褶裥非常规则有条理（图7-10）。裙子的细节设计可以从几个方面考虑：结构线、分割线、装饰线、不同材料的拼接、拉链和系带的运用等。

图7-10

6. 裤子

裤子由于分别包裹两条腿，与人体之间的空间较小，因而裤装随人体下肢的运动变化影响比较多，会形成大量的褶，尤其是在大腿根、膝盖等处会形成较明显的褶皱。与裙装不同的是，紧身的裤装只在大腿根和膝关节处形成细密的碎褶，宽松的裤装随着腿部的结构形成长长的褶。越宽松的裤装，随身体动态形成的动态褶越丰富，在进行表现时要注意提炼，腰臀部和膝盖是受力点，这也是最重要的表现部位（图7-11）。

图7-11

总之，服装是穿于人体上的，所以一定要以人体为基准，在表现时注意面料是有厚度的，不要与人体轮廓线完全一致，要表现出服装穿在身体外面的效果，不能勒在身体里。服装和人体是否能较好贴合，服装的表现是否得体，关键是把握住服装和人体的关系。需要注意的是，形象设计表现中人体穿着服装同现实中有一定的差距，要用简练的线条忽略琐碎的、与造型关系不大的细节，从大处着眼，抓住整体的造型（图7-12）。

图7-12

 讨论与练习

1. 根据范画，在下面方框中绘出3个上装款型、3个裤装款型和3个裙装款型。

2.结合服装与人体知识，将服装穿着在不同姿态的人体，并在下面方框中绘制。

学习反馈

单元三

服装材质的表现

服装材质是服装材料及其表面质地的简称，材质是构成服装最基本的物质基础，也是服装造型设计依赖的媒介，是形象化的、有触觉的织物表面特性。不同类型织物质地的表现，在整体形象设计表现中非常重要。通过对服装不同材质的表现，可以体现不同的美感，触发观者对于服装的直观感受。对于服装材质，尤其是对服装材质的表现肌理特征进行设计，是设计师体现个人风格和设计创新常用的方法与手段。

1. 材质特点

棉织物和麻织物是最常见的服装材料，都具有朴实的外观，穿着舒适透气，轻薄的棉麻织物适合做衬衫或夏天的裙子，而厚的棉麻织物可以做秋冬的外套，但是没经过特殊处理的棉麻柔软度不够且容易起皱。相比较而言，棉织物柔软一些，而麻织物硬挺一些。

2. 表现方法

棉麻织物的光泽感一般，所以表现时无需强调亮部，用淡彩和水粉平涂、彩铅、麦克笔都可以很好地表现棉麻织物，对于表面有纹理又硬挺的麻织物，可以用模仿实际面料的方法实现（图7-13）。

1. 材质特点

丝绸织物是用蚕丝或人造丝织成的高档织品，具有珍珠一般的光泽，手感柔和飘逸、质轻柔软、悬垂性好，一般作为礼服的面料，夏季也用得较多。

2. 表现方法

用淡彩技法表现丝绸织物飘逸感恰到好处，如果将服装与人物动态间制造一点"风"带来的动感变化，面料的质感会更强（图7-14）。此外，表现丝绸织物时，线条要画得流畅。我们表现丝绸织物时，需注意以下两点。

① 光泽感的表现。丝绸柔和的光泽是其主要特征，在表现时强调阴影部分和受光部分的对比，首先绘制中间色，留出高光，然后绘制阴影，注意在底色半干时画阴影，这样会产生柔和的光泽效果。

② 通透感的表现。丝绸的通透感也是其重要特征，先用水彩画好一层皮肤色，干后在上面再画透明的色彩，受光部可用笔蘸上清水洗一下，使之润泽自然。

图7-13

三 纱织物

1. 材质特点

纱织物的特点是轻薄透明，一般分两类：一类为软纱，质地柔软、半透明、光泽度较柔和；另一类为硬纱，质地轻盈，但有一定硬挺度。

2. 表现方法

纱织物的表现关键在于对其透明特点的表现，表现的方法多种多样，最常用的是淡彩技法，也可以用彩色铅笔，或者马克笔和铅笔结合，都能很好地表现出纱织物的透明感（图7-15）。

使用淡彩技法表现纱织物时，要注意以下两点。

① 纱罩在皮肤或者其他织物的外面时，可以先画出纱的颜色，再单独画出被纱罩住的衣服颜色，注意纱色对其覆盖部分的颜色形成的影响，如黄色的纱覆盖在红色的织物上，显示出橙色；也可先将其下物体的颜色画出，再使用淡彩罩上薄纱的颜色，下面物体的颜色便会自然透出，产生透明感。如可以先将肤色和内衣

图7-14

图7-15

画出来后，再使用彩色铅笔罩在上面。

②当纱重叠时纱色较重，重叠越多颜色越重。在纱有皱褶时，注意其深浅变化。在马克笔的基础上，运用铅笔的笔头斜着轻轻画，能创作出柔和、透明、具有颗粒感的黑线。运用这样的方法，也能传达出丝质硬纱织物的透明感和纹理。

四　编织物

1. 材质特点

编织物的特点是蓬松柔软有弹性，织物纹路清晰，编织花样丰富，广泛应用于服装中。编织物的原材料不只有常见的毛线，各种羊绒线、兔毛线、棉线、麻线、丝线等也被广泛应用。由于材料本身的粗细、软硬、外观等各不相同，编织手法也是多种多样，不同材料织成的面料风格更会千差万别。如：较粗的棒针线编织的外套风格粗犷、厚实保暖；有的编织物有明显的镂空网眼，视觉层次丰富；而软细的丝、麻线织成的服装，其柔和的光泽和细腻滑爽的质感，体现出女性的优雅。

2. 表现方法

编织物的表现手法很多，表现时需要注意，线条要画得圆润一点，一般用厚画法表现其丰厚温暖的感觉；用彩色铅笔在水彩纸上描绘，可以很好地表现蓬松感；如果使用油画棒和水粉色配合，更能准确地表达出编织物的粗犷风格和图案色彩（图7-16）。无论采用哪种表现方法，在表现编织物时，需重点关注以下两点。

①柔软蓬松的手感。绘画的线条通常比较柔软、稀疏、松弛，可以断断续续，以此来体现毛衣的松软度和舒适感。尤其是对于网眼明显的编织物，直接用轻松自然的线条勾出网眼轮廓，再用网眼的底色将网眼填上，空出网纹，即可取得较好的视觉效果。要注意观察领口、袖口、底边的松紧度、纹理与衣身的差别等。

②清晰丰富的纹理。可以采用细致描绘的方法编织花纹，表现凹凸的肌理感。重要的是不同的编织针法形成不同的花纹，在表现时，注意编织的走向和花形特征，可以将主要的花纹提炼出来细致描绘。

图7-16

五　毛呢织物

1. 材质特点

毛呢织物面料厚实柔软，保暖性好，是秋冬外套的首选面料，分为精纺毛呢和粗纺毛呢两类，具有不同的外观质感。精纺毛呢的呢面光洁平整，织纹整齐清晰，纱支条干均匀；粗纺毛呢绒面均匀，织纹紧密，厚而不硬。

2. 表现方法

毛呢织物的表现，最重要的是抓住其特点，重点表现磨砂的效果和纹路的肌理（图7-17）。

如以人字呢为例，其面料厚实、挡风保暖，是一种常见的毛呢面料，很适合做秋冬外套，表现步骤如下。

① 铺淡彩底色，晕染开后，用铅笔画出大概条纹；

② 进一步突出细节，表现出面料的编织肌理；

③ 加重阴影，强调明暗，使之具有毛呢织物的质感。

图7-17

六　牛仔织物

1. 材质特点

牛仔织物是一种较粗厚的色织斜纹棉布，最早用于矿工的工装，现在广泛应用于男女服装中。牛仔布的颜色最初只有靛蓝，现在发展到浅蓝、黑色、白色，及多种彩色。

牛仔织物质地紧密厚实，色泽鲜艳，织纹清晰，豪放而随意的风格在现代服饰中运用广泛。磨砂的效果、斜纹的肌理、缝合处采用双迹明线、铜扣等是牛仔装最明显的外观特征。

2. 表现方法

牛仔织物的表现最重要的是抓住外观特征，用干擦法、厚压法、淡彩法等，都可以表现厚薄不同的牛仔织物（图7-18）。

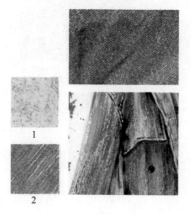

图7-18

七 皮革类材质

1. 材质特点

皮革具有自然的粒纹和光泽，手感舒适、表面光滑、褶皱圆浑、高光明显。皮革类材料分为动物皮革和人造皮革。动物皮革是一种自然皮革，最常见的有牛皮、羊皮和猪皮；而人造皮革可以根据不同要求加工制成，花色品种繁多、防水性能好、价廉物美。从光泽来比较，动物皮革的光泽比人造皮革的光泽柔和。

2. 表现方法

皮革的表现有一定的难度，抓住光泽感是其重点。一般以写实的手法素描、速写方法去体现，也可以用水彩或水墨的方法表现（图7-19）。皮革属于比较厚的面料，所以皮革服装上的衣纹比较硬而圆浑，产生的高光也显得较生硬。此外，也可用简练的概括、省略手法，不追求完全写实的效果，例如画高筒皮靴时，先勾出靴子的外轮廓，然后用毛笔沿褶皱的走向，自上而下略带弧度的左右行笔，留出较多空白，便可轻松准确地表现出皮革的质感。

图7-19

八　皮毛类材质

1. 材质特点

皮毛类材质保暖、轻便、高贵华丽，是理想的防寒材料，也是近几年比较流行的服饰材料。皮毛类材料分动物皮毛和人造毛，常见的动物皮毛一般有羊毛、兔毛、狐狸毛、貂毛等，相比于更均匀、色彩更纯的人造毛而言，动物皮毛则更加自然。要了解它们不同的特点，绘制时最好有实物对照。

2. 表现方法

皮毛类材质的表现，体现出体积感、温暖感是关键，边缘线条不要平均排列。这就需要细致了解皮毛的走向和密度。由于毛的长短，以及毛的曲直形态、粗细程度和软硬度的不同，其所表现的外观效应也各不相同。绘画时可以从皮毛的结构和走向着手，也可以从皮毛的斑纹和细节着手（图7-20）。

对皮毛类材质的表现方法有很多，主要有以下几种。

① 水彩染点法。先用水在所需要描绘的皮毛部位湿润一下，在将干未干时，用水彩的渗化技法染色，使色彩渗化，最后用笔蘸上稍深的颜色勾画，色彩之间由于水分的作用能较为自然地衔接，外轮廓处由于水分的自然渗化而形成绒毛感。

② "丝毛"法。可将笔锋上的水分挤干、挤扁，蘸上较干的颜色，在已染好色彩的皮毛部位，可根据毛的结构和走向画出一丝丝的毛感，重点刻画皮毛服装的边缘。这种画法在边缘部分根据皮毛的结构走向绘画，

图7-20

用钢笔、铅笔、水彩笔等均可表现。

③ 油画棒表现。可先上一层底色，待快干时，用油画棒按毛的走向描绘，效果也很好。

九　图案类材料

1. 材质特点

形象设计材质的丰富多彩，很大程度上来自极富装饰性的图案花纹。图案花纹主题丰富，手法多样，具有很好的装饰、弥补和强调的作用。在形象设计中，图案的应用不是孤立的，不但要充分考虑设计目的和整体风格定位，还要考虑材质特点，应用得当，才能增强设计的表现力与装饰性，起到画龙点睛的效果（图7-21）。

2. 表现方法

图案的表现要根据具体情况，选择合适的绘制方法。根据图案花纹的类型，表现方法可以分三种。

① 一般大花型。具象的、抽象的或是定位的装饰花，都可以采用写实的画法，在表现时注意透视。此外，随着布料明暗转折变化，花纹图案随之发生明暗起伏的变化。

② 一般小花、碎花、满地花型。通常采用写意的画法，注意提炼总体感觉，分清主次，强调虚实关系，在表现时注意不要面面俱到，否则反而徒劳无功。这种缩小的印花应该只是一种临摹，而不是复制品，不是对原有印花的精确复制。具体表现时，可以用油画棒先画出花型，再罩上水色进行表现；也可以使用覆盖法，先将织物底色画好，再根据明暗在上面画出图案。表现时，无论采用写实还是写意，都要注重其装饰性，善于概括提炼，抓住主要特点。

③ 条纹方格型。绘制方格布、条格平布和苏格兰格子布时，注意这些图案都是基于直线，并会根据模特的造型发生弯曲。所以在绘制时先从一个方向开始，从上至下或从左向右的方向绘制条纹。在胸部最高点时，条纹要画得弯一点以显示胸部轮廓。在绘画中要注意这些方格布、条格平布或苏格兰格子布每条线之间的距离相等，确保穿在身上时，这些图案仍显示为几何图形。

图7-21

讨论与练习

1. 设计一位30岁女性参加音乐会时的形象，要求穿着正式礼服，采用丝绸面料或纱质为主，完成形象设计效果图一幅。

2. 设计一款女性日常休闲形象，要求着编织或图案面料设计服装，完成形象设计效果图一幅，主题自定，设计完整；附有简要的设计说明；表现技法不限，以准确表现设计主题为主。

学习反馈

单元四

服装配饰的表现

学习要点	准确表现设计主题和人物设定	学习难点	配饰的表现风格、手法与人物形象的协调性、准确性

　　配饰是指上衣、裤子、裙子等主体服装之外的装饰性物品，包括帽子、围巾、手套、鞋、眼镜、腰带、领带、领带夹、首饰等，其中首饰又包括耳环、项链、戒指、胸花、镯子、头饰等。配饰的主要作用是活跃整体设计气氛，提升整体视觉美感，起到锦上添花的作用。

　　配饰种类繁多，全身都可以应用，但以头部的配饰最为丰富出彩（图7-22）。在人物形象设计中，配饰需要与人相结合，才能够发挥其真正的生命力，如果弱化甚至缺失人的因素，配饰只能是供人观赏的孤立摆设。

图7-22

　　配饰使用的材质极为丰富，例如金属、钻石珠宝、布料、石头、玻璃、塑料、木质、羽毛、皮毛等，视觉效果有透明的、半透明的、不透明的、光滑的、粗糙的、亚光的、一般光泽的、强光泽的……在配饰的表现时，关键是要抓住配饰的造型和材质特征两大要点。

　　配饰与服装相比，处于从属的地位，因此配饰的表现应该增加画面的艺术效果，要与人物的动态相结合，使画面更完整。同时，配饰作为一种辅助装饰，要符合整体的设计要求，避免喧宾夺主（图7-23）。

图7-23

讨论与练习

　　为图中两位女性形象加入配饰，包括帽子、首饰等，主题自定，设计完整；附简要的设计说明；表现技法不限，以准确表现设计主题为主。

学习反馈

模块八

综合表现技法应用

知识能力目标

1. 应用生活形象表现的原则和技法并实施

2. 应用影视形象表现的原则与技法并实施

3. 应用舞台形象表现的原则与技法并实施

4. 根据设计要求进行不同形象表现的设计并实施

课程思政目标

1. 培养学生对美的认知与美学修养

2. 培养学生理论联系实际的学习与工作态度

3. 培养学生认真、细心、严谨的创作习惯

4. 通过学习优秀中国影视与舞台表演艺术与形式，在综合表现技法应用实践中树立文化自信

学习方式

在画室或专业实训室、演出剧场、影视拍摄与制作等场所，由教师指导学生学习综合表现技法的原则和知识，运用之前所学的相关知识和技能，通过对生活形象表现、影视形象表现、舞台形象表现等典型案例分析、表现形式与方法等的学习和训练，实现形象设计表现技法综合应用的良好效果。在教师的指导下，学生组成学习小组，每组4~6人，通过自主学习和面授指导，根据所学的知识与技能，对形象设计表现技法的知识与技能进行综合运用、实践，并不断完善。

学习时间

6课时

电子课件

单元一

生活形象表现

<table><tr><td>学习要点</td><td>生活形象表现的真实性与时尚感原则</td></tr></table>

<table><tr><td>学习难点</td><td>生活形象表现的共性与个性化原则</td></tr></table>

生活形象表现指的是在日常生活中，人物形象的整体表现（图8-1、图8-2）。对大众群体来说，在日常生活中不同场合背景下和情境下，人物所体现出来的外在形象是各不相同的。每个人物都有社会特征与文化属性，但与影视形象表现和舞台形象表现相比，在生活形象表现中体现更明显的特征是社会职业特征，如性别、职业、年龄等，因此生活形象表现的原则和技法表现，主要体现在以下几点。

1. 真实性

真实性指的是在生活形象表现中，强调对人物形象真实的情况进行表现，无论是发型设计、妆型设计还是服装设计、整体色彩设计，都需要如实地体现出人物形象的特征，因此在技法表现上，也可以有侧重地进

图8-1

图8-2

行选择，以实现对人物形象表现的真实反映。

2. 时尚感

时尚感是在生活形象表现中，最常需要表达的主题和特征。对人物而言，生活形象表现是体现日常状态下，人物的外在形象，尽管都是通过服装、发型、妆型等来表达，但其往往具有一定的职业与场景要求，时尚感是不拘于男女老幼、不同场合的，而是将特定时代与社会文化艺术元素与个人形象特征有机结合所体现出来的。在技法上，要善于提取能体现时尚感的元素，并合理地表达出来。

3. 共性与个性化

在生活形象表现中，体现的是人物常态化的形象表现，因此既有所有人都具备的共性化的形象特征，也需要针对不同的个体，体现其个性化的形象特征。在技法表达上，对共性和个性化要做到兼顾，尤其在群像绘画中，特别要注意个性化的反差要在共性表现的基础上，抓住不同的职业、年龄、姿态、性格、气质等逐一体现，才能够成功表达出错落有致、形神各异的形象。

讨论与练习

1. 进行生活形象设计表现的调研，在报纸、杂志、画报与海报上选取反映真实性、时尚感的经典单
   个人物形象，反映共性与个性化的群体人物形象，粘贴在下面方框中。

2. 运用所学的表现技法，完成一个生活形象表现特征明显的造型，请注意体现生活形象表现的基本
原则。

单元二

影视形象表现

影视形象表现指的是在电影电视场景中，角色形象的整体表现。和生活形象表现有所区分的是，影视形象表现是在相关构建的虚拟或真实背景下，对角色形象设计后的整体表现。人物形象设计不仅局限于个人的外在表现，还需要通过姿势动态、语言表达等设计，对角色内心的情感状态、心理变化等进行表达（图8-3～图8-5）。

图8-3

图8-4

图8-5

图8-5

影视形象表现的原则和技法表现，主要体现在以下几点。

1. 综合性

综合性指的是影视形象表现具有影视艺术自身的特点，其首要性就在于它包含了戏剧、美术、音乐、文学等这些艺术形式的共性，也表现出它们的差异。所以影视形象表现时，要注意能够尽可能地通过多种表现技法，体现出影视形象表现的多种艺术形式与特征。

2. 还原性

还原性也可以称为逼真性，影视作品本身就是通过摄影等现代化手段把现实生活中的人、景、事，真实地再现出来，使观众消除了距离感，尽可能地还原真实。在影视形象表现中，要注意在表现技法上突出对人物形象的如实还原与体现。

3. 组接与运动性

组接指的是在影视艺术表达中，将不同内容、不同视角、不同情景的画面通过蒙太奇手法组织拼接起来，借以塑造完整的艺术形象。而运动性是影视画面呈现最独特和最重要的特征，无论是静帧连播、时空特点，还是运动摄像过程中，摄像机在运动拍摄过程中表现对象的静止或运动状态，都体现出影视形象表现的特殊性。在对人物形象进行表现时，在技法上要注重组接和运动性，尤其是在组图或表现系列上，会更为准确。

1.进行影视形象设计表现的调研，在报纸、杂志、招贴海报上选取反映影视形象表现原则的典型人物形象，粘贴在下面方框中。

2. 运用所学的表现技法，在四大名著影视剧经典角色形象中，选择两个典型角色，完成影视形象表现特征明显的造型，请注意体现影视形象表现的基本原则，并注意构图和表现。

学习反馈

单元三

舞台形象表现

舞台形象表现的时空感与艺术性原则

舞台形象表现的夸张与抽象化原则

舞台艺术是利用舞台这个三维空间，由演员进行二次创作为中心的综合表演艺术，也称为剧场艺术。舞台形象表现指的是在舞台艺术演出场景中，角色形象的整体表现。舞台形象与影视形象的表现有相同也有相异之处。它们都是虚拟场景下的整体艺术表现形式，角色形象是整体艺术表现形式中的一个重要部分，其中，舞台形象表现受空间因素限制更大，所以对角色形象的要求更高，甚至在某些表现上要有一定的放大和夸张，而影视形象的艺术表现要求更多，大多数体现为还原和真实，少部分有艺术上的不同目的表现的需求（图8-6～图8-9）。

舞台形象表现的原则和技法表现，主要体现在以下几点。

《宝蟾冤》2003 年版

图8-6

图8-7

图8-8

图8-9

1. 时空感

舞台艺术既是空间艺术又是时间艺术，体现在舞台形象表现上，人物造型是依附于三维的演员，具有空间特性，而人物随着剧情发展，而显示出时间的推移。因此对于人物形象表现的时间与空间变化，要能够通过舞台形象表现技法体现出来，特别是在局限的舞台上，人物要根据剧情和需要，体现出交错时空的表现结果，在场上的舞台表现和在场下的技法运用上，同样重要。

2. 艺术性

这里所说的艺术性，可以说是综合艺术的表现。舞台美术本身是布景、灯光、化妆、服装等诸多造型形成的一个不可分割的艺术整体。如果以人物为中心，一般来说服装、化妆主要表现人物，灯光直接渲染人物，布景间接衬托人物。因此如果在舞台形象表现中，在注重服装、化妆等艺术外，还通过技法表现出灯光和布景，即使只是凤毛麟角，但也能够起到突出的效果。

3. 夸张与抽象化

如果说舞台美术是二次创作的艺术，那通过效果图技法来完成的舞台形象表现，就是三次创作的艺术。无论是话剧、歌剧、舞剧、音乐剧，还是戏曲、曲艺、杂技、魔术、武术等艺术形式，都受限于舞台这一演出场景。因此在舞台艺术表现中，常常有极度的艺术夸张和简化。以戏曲为例，有对比强烈鲜明的纯净色，如红、黄、蓝、绿、紫，或是旦角镶满水钻的头面、艳丽生动的花饰，极尽夸张；也有"以桨示舟""以鞭示马""抬腿江河过、转身下楼来"这样的极度抽象与简化。因此在舞台形象表现技法上，要注意夸张与抽象的艺术手法，可以用写实的技法描其形，也可以用写意的技法绘其神（图8-6～图8-9）。

讨论与练习

1. 进行戏曲舞台形象设计表现的调研，在报纸、杂志、招贴海报上选取反映你所在省市地区的代表性戏曲剧目与典型角色形象，粘贴在下面方框中。

2. 运用所学的表现技法，选取经典舞剧的舞台剪影，完成舞剧舞台形象表现特征明显的造型，请注意体现舞台形象表现的基本原则，并注意构图和表现。

学习反馈

参考文献

[1] 唐芸莉. 形象设计表现技法[M]. 北京：化学工业出版社，2011.

[2] 唐芸莉，唐甜. 形象设计表现技法[M]. 北京：化学工业出版社，2014.

[3] 刘蓬，尹青骊. 美容企业经营与管理[M]. 北京：中国轻工业出版社，2010.

[4] 王涛鹏. 形象设计表现技法[M]. 北京：中国轻工业出版社，2014.

[5] 许阳. 形象设计美学及表现技法探索[M]. 北京：北京工业大学出版社，2021.

[6] 夏国富，耿兵. 形象设计艺术表现[M]. 上海：上海交通大学出版社，2010.

[7] 潘健华. 戏剧服装设计与手绘效果图表现[M]. 上海：东华大学出版社，2009.

[8] 潘璠. 手绘服装款式设计与表现[M]. 北京：中国纺织出版社，2016.

[9] 戴竞宇. 形象设计效果图表现技法[M]. 上海：上海交通大学出版社，2018.